国家自然科学基金项目(50974117)资助
国家自然科学基金青年科学基金项目(51104149)资助
中国博士后基金项目(2020M681769)资助
江苏省高等学校自然科学研究项目(20KJA560003)资助
合肥市领军人才引进计划资助

Q3黏土力学特性宏微观试验研究

陶祥令　于　庆　刘　明
刘　珊　陈国舟　著

中国矿业大学出版社
·徐州·

内 容 提 要

本书以徐州地层中地铁基础设施建设期 Q3 黏土物理力学特性为研究对象，以现场监测和室内模拟试验为基础，采用微观和宏观、动力和静力相结合，通过固结特性试验研究、剪切特性试验研究、力学特性微观试验研究等，并对 Q3 黏土在徐州地层结构中的特性进行了研究。本研究成果具有非常重要的理论价值，对地铁工程建设具有非常重要的指导作用。

本书可作为高等院校工程地质、岩土工程、地铁隧道工程等专业的研究生教材，也可供工程建设中的勘察、设计、施工、监理等技术人员和管理人员参考使用。

图书在版编目(CIP)数据

Q3 黏土力学特性宏微观试验研究/陶祥令等著. —徐州：中国矿业大学出版社，2025.1

ISBN 978-7-5646-6047-5

Ⅰ. ①Q… Ⅱ. ①陶… Ⅲ. ①粘土—土力学性质—研究 Ⅳ. ①TU431

中国国家版本馆 CIP 数据核字(2023)第 216608 号

书　　名 Q3 黏土力学特性宏微观试验研究

著　　者 陶祥令　于庆　刘明　刘珊　陈国舟

责任编辑 杨　洋

出版发行 中国矿业大学出版社有限责任公司

（江苏省徐州市解放南路　邮编 221008）

营销热线 (0516)83885370　83884103

出版服务 (0516)83995789　83884920

网　　址 http://www.cumtp.com　**E-mail**:cumtpvip@cumtp.com

印　　刷 江苏凤凰数码印务有限公司

开　　本 787 mm×1092 mm　1/16　**印张** 9.25　**字数** 237 千字

版次印次 2025 年 1 月第 1 版　2025 年 1 月第 1 次印刷

定　　价 55.00 元

前　言

土体宏观力学性质与其微观结构变化是相互联系的，因此如何考虑和描述结构性对土宏观力学性质与工程特性的影响具有重要的理论意义与实践意义。上更新统(Q3)黏土作为一种重要的黏土类型，其特性在地质工程、建筑工程、环境工程等领域都有着广泛的应用。本书以淮海地区广泛分布的 Q_3 黏土为研究对象，在宏观与微观试验研究基础上，较为系统地总结了不同应力环境下结构性黏土的力学特性以及微观结构的演变规律；并以临界状态理论为出发点，提出了结构性临界状态本构模型。本书的研究成果将为对黏土力学特性的研究提供新的积累，为工程设计和施工提供科学依据。

本书采用大量的试验数据和实际案例，系统地介绍了 Q3 黏土的宏观和微观特性、宏观和微观试验方法以及其在实际应用中的作用。本书包括 6 个章节，具体内容如下：第 1 章为绪论，主要介绍了 Q3 黏土的背景和研究现状，阐述了本书的研究目的和意义，以及本书的主要内容和组织结构。第 2 章为 Q3 黏土的基本组成与物理性质，对 Q3 黏土物理特征进行分析，介绍试样材料与试验仪器，包括 Q3 黏土的成分、结构、物理和化学性质，以及其特殊的物理和化学特性，本章将为后续章节的研究提供基础知识。第 3 章为 Q3 黏土的固结特性试验研究，包括一维固结特性试验、K_0 固结特性试验等，本章将介绍 Q3 黏土在宏观应力状态下的固结特性分析。第 4 章为 Q3 黏土的剪切特性试验研究，包括直剪试验、浅部土和深部土的三轴剪切试验、高应力水平下卸载试验等，本章将介绍不同围压环境、不同应力路径对 Q3 黏土的力学特性分析。第 5 章为 Q3 黏土的力学特性微观试验研究，包括一维固结微观试验、K_0 固结微观试验、三轴剪切特性微观试验，对结构性黏土的尺度结构强度差异、结构强度进行微观尺度分析，构建 Q3 黏土的临界状态模型。第 6 章为总结和展望，主要对本书的研究内容进行总结，并展望 Q3 黏土在未来的研究方向和应用前景。

本书主要面向岩土工程领域的研究人员、工程技术人员以及本科、研究生等人群。通过对本书的学习，读者们可以更好地了解 Q3 黏土的宏微观力学特性，同时也能够对微观结构和力学特性之间的关系有更深入的认识。

本书得到了国家自然科学基金项目“深部土-地下结构界面层物理力学特性

研究”(50974117)、国家自然科学基金青年科学基金项目“厚表土立井井壁应力状态及其演变规律研究”(51104149)、中国博士后基金项目“浅埋隧道人工冻土施工动态力学响应机理及多源表达”(2020M681769)、江苏省高等学校自然科学研究项目“地铁浅埋隧道冻结法施工土体力学响应机理研究”(20KJA560003)、合肥市领军人才引进计划的资助。

受启发于马金荣教授撰写的《深部土物理力学特性探究》,该书为本著作提供了坚实基础和宏观架构,后经团队成员刘明、张磊、于庆、陶祥令、刘珊、陈国舟等人进一步完善试验研究和理论计算,几易其稿,著成此书。本书由江苏建筑职业技术学院陶祥令统稿,中国矿业大学于庆、刘明,黄河科技学院陈国舟,江苏省徐州技师学院刘珊等参与撰写。致谢人员包括但不限于:赵光思、李亭、商翔宇、赵晓东、张磊、路庆涛、苏运河、张勇、马田飞、王文龙、马少波、黄梓宸、贺子健、夏勇。特别感谢深地工程职能制造与健康运维全国重点实验室(徐州)在实验阶段提供的设备支持。

感谢中国矿业大学出版社为此书的出版所付出的努力。

由于时间仓促,书中难免存在一些不完善、不准确、不恰当的地方,真诚希望读者提出宝贵意见。

著者

2022 年 10 月

目　录

第1章 绪 论

1.1 研究背景

土是一种物理力学性质十分复杂的天然工程地质材料，是连续、坚固的岩石在风化作用下形成的大小悬殊的颗粒，通过不同的搬运方式，在各种自然环境中形成的堆积物。Q3黏土是一种典型的黏性土壤，其力学性质受到广泛关注。Q3黏土广泛分布于世界各地，因具有良好的工程性能，被广泛应用于基础工程、地铁隧道等工程领域，但是其力学宏微观特性尚未得到全面深入的研究。

徐州地区沉积了大量Q3黏土，这部分黏土为在相似的地质环境中形成的第四纪沉积物，沉积年代久，其宏观工程地质特性的区域一致性较好。随着经济建设的快速发展，我国在建筑地基基础、桥梁基础、交通路基以及矿井建设等岩土工程技术方面取得了丰硕成果。然而，这些工程实践离不开对地基土体力学性质的科学认识。Q3黏土具有多种特殊的物理和化学特性，例如吸附性、可压缩性、随时间变化的特性等。这些特性不但受到微观结构的影响，而且受到宏观力学应力状态的影响，因此需要从宏观和微观两个方面进行研究。

20世纪20年代太沙基(Karl. Terzaghi)就已经指出“评价黏性土的变形与强度特性时应当注意其微观结构的重要性”，20世纪末沈珠江院士预言土体的结构性是“21世纪土力学的核心问题”。目前，对于黄土结构性的研究已广泛开展，对于黏土结构性的认识尚处于起步阶段。由于土体在形成过程中，岩石碎屑物被搬运，沉积通常按颗粒大小、形状及矿物成分有规律变化，并在沉积过程中常因分选作用和胶结作用而使土体在成分、结构、构造和性质上表现出不同的特征。土的微观结构是其物质存在的基础，反映了土的表现形式及存在状态，是决定土的物理力学性质的内在因素。在当前的岩土工程活动中，我们常常看到“实践走在理论前面”现象，即许多工程问题的解决，主要依赖资深工程师的实践经验。从理论分析和实验手段上建立有效的研究方法，是每一位岩土工程工作者的职责。

土的强度理论自太沙基提出有效应力理论后，取得了包括本构理论、室内试验等方面的突出成果。传统的研究方法，无论是弹性理论还是塑性理论，尤其是应用到土力学中的各种研究方法，大多数采用一种现象学方法，即通过对现象、结果总结、规律的掌握，来形成描述理论。这种方法无法对事物的本质提供深入合理的解释，在研究岩土等不连续、非线性材料问题中的片面性不言而喻。因此需采用与之相对应的过程描述与理论来研究岩土的结构性。土体的各种宏观力学表现与微观结构变化是相互联系的，研究微观结构演变规律，并以此为基础，探讨Q3黏土固结特性、剪切特性及结构性微观特性在不同应力水平、不同应力路径等条件下的演变规律以及对土力学和变形特性的影响，对于理论研究及工程实践具有重要的指导意义。

1.2 研究现状

1.2.1 应力水平对土体性质的影响

21 世纪将是人类开发利用地下空间的世纪，地下岩土体被当作新型的国土资源，并称之为“地下工业”。可以根据开发深度将其分为三大类：(1) 基于经典土力学理论在浅土甚至表土上建设的浅层地下工程，深度一般为从地表至－10 m，这一类工程主要考虑浅部土体受垂直荷载的工况，计算受荷土体的承载力及竖向沉降量；(2) 中层地下工程，深度一般从－10 m 到－50 m，如城市轨道交通、隧道、建筑物深基坑、城市通信等设施；(3) 深部地下工程，深度大于－50 m，以深部煤炭资源开采为代表，我国山东龙固煤矿北风井穿过表土层深度达到 675.6 m。

伴随着人类开发地下空间深度的增加，相应土体在自然状态下所承受的上覆压力和围压逐渐增大，由低应力状态逐渐过渡到高应力状态，土的物理力学性质也在发生变化。

崔广心(1991，1999)研究发现：常规土力学试验提供的参数和深部高应力下土体力学参数有着不可忽视的差别，即目前的土力学测试系统适用于浅部土，用于测定深部土的力学参数时有局限性。马金荣(1998)从深土力学角度总结了深部土体不同于浅部土体力学性质的三个特点：(1) 深部土在自然状态下承受较大的上覆压力，其物理力学参数是埋深的函数，即深部土的物理力学参数与其高应力状态有关，而浅部土无外载或外载低，其物理力学参数一般被视为定值；(2) 深部地下工程在施工过程中实际应力路径为高初始围压下的一维或二维卸载，不同于浅部土在加载情况下的应力-应变关系和强度理论；(3) 深部土物理力学参数的试验研究方法和数值计算方法有待建立。

马金荣(1998，2008)通过试验研究指出高应力(1～10 MPa)水平时黏土的固结条件下 K_0 值并不像常压条件下一样近似为常量且小于 0.6，而是呈现出显著的非线性规律，砂土的 K_0 值随深度 H 增加呈直线增大，黏土 K_0 值随深度 H 增加呈幂函数增大，且大多数在 0.2～0.9 之间变动。

周国庆(2001)对高应力条件下砂做了不同固结压力下的直剪试验，其中最大固结压力达 16 MPa，研究结果表明：在高法向应力(固结压力大于 12 MPa)作用下，砂土的强度包络线与低法向应力作用下的强度包络线的发展趋势不同。较低应力作用下，试样抗剪强度随法向应力增大基本呈线性增大，同时强度包络线稍向下弯曲；当法向应力增大到一定程度时，抗剪强度包络线出现上翘，表现出明显的非线性。

刘明(2003)通过对重塑黏土试样进行一系列的 K_0 固结后卸除围压或轴压剪切试验得出，卸除围压与卸除轴压这两种应力路径下土力学性质不同。卸除轴压时主应力方向改变为水平方向，几乎整个卸载过程都处于主应力方向为水平方向状态，卸载时 K_0 值明显大于固结时的值，而卸除围压则不同。其探讨并总结了卸载应力路径下黏土变形过程与强度变化的关系，为工程建设提供可靠依据。

于庆(2009)在对黏土基本力学性质以及高应力条件下的力学特性研究的基础上，以试验研究和理论分析为主，结合对比分析，研究深部黏土的固结特性和剪切性质随固结压力变化的力学特性。在高压剪切过程中，体积变化规律均为在剪切初期应力迅速增长时体积剪缩，应力增长缓慢时开始剪胀，接近强度峰值时剪胀结束进入剪缩。该结论可用于解决深部土中矿井以及其他地下工程的设计和安全施工问题。

商翔宇等(2018)通过自行研制的高压固结试验系统，对重塑黏土试样进行了竖向压力从0.25 MPa到12 MPa的一维固结试验，并利用三轴设备对该土样进行了0.3～2.5 MPa的等向固结试验。试验结果表明：一维固结时，各级固结曲线均有明显的次固结阶段，且重塑黏土的次固结系数随竖向压力增大而非线性变化；等向固结试验中所得到的次固结系数远小于一维固结时的相应值。从微观角度对试验结果进行分析表明高压下黏土次固结变形的物理机制不同于低压。

贾锦波(2021)以重塑深部黏土为研究对象，开展了长时高压K_0固结及其围观结构特征、宏观力学特性的试验研究。在机械加载-电渗加速固结试验装置上对不同固结压力与固结时间的重塑深部黏土的微观力学特性进行研究，分别开展了恒轴压-卸围压、恒围压-增轴压两种应力路径下的三轴剪切试验，获得了黏土试样在两种应力路径下的强度、破坏应变、割线模量，以及恒围压-增轴压应力路径下的黏聚力及内摩擦角等宏观力学参数随固结应力、固结时间的变化规律，并结合微观结构试验结果开展综合分析，对进一步完善深部土的力学试验方法和揭示深、浅部土力学特性的差异提供了重要借鉴。

商翔宇等(2021)通过对浅部硬黏土、浅部非硬质黏土等工程概念的对比分析，说明了深部黏土具有其独特的土力学内涵，同时指出了无论是非硬质正常固结黏土还是硬质的严重超固结黏土，其相关理论并不适合浅部的正常高压固结硬黏土。

1.2.2 应力路径对土体力学性质的影响

应力路径是指土体在外力作用下土中某一点的应力变化的过程在应力坐标系中的轨迹，是用以描述土体在外力作用下应力状态及其变化过程的一种方法。试验应力路径要与实际工程现场的应力路径相同或相近，这样取得的指标才比较符合工程实际需要。随着对土体工程性质研究的不断深入，不考虑应力路径的数学模型无法很好地解决实际工程问题，因此国内外众多学者开展了对土的应力路径的试验研究和理论分析，并取得了许多令人满意的成果。

Lambe(1967)早在20世纪60年代就给出了应力路径的概念，为考虑应力路径影响的土体性质研究提供了一种合理有效的方法。最初对应力路径的研究主要集中于砂土等无黏性土。近年来随着土工试验仪器的发展，针对黏性土等多种土样在不同应力路径下的试验研究也逐渐展开。

L. Callisto等(1998)使用真三轴试验仪研究对比了天然土和重塑土在应力路径影响下的力学特性。

张磊(2007)试验研究了高应力作用下重塑深部黏土的力学性质，重点研究了K_0固结和卸载剪切特性，探讨了不同应力路径下重塑深部黏土的应力-应变关系、屈服应力、屈服应变等变化规律。通过比较分析高应力作用下K_0固结后再卸载的试验成果，总结了高应力下卸载条件、应力路径等对土的变形和强度性质的影响，重点揭示了K_0固结及高压卸载过程土中应力变化规律。

Cetin 等(2013)研究了人工配制黏土在不排水和排水剪切过程中,不同轴向应变水平时距剪切破坏面不同距离处的颗粒、孔隙和其他组分的定向性演化情况。

Jiang 等(2014)结合 SEM 和 MIP 对不同应力路径三轴试验后结构性黄土的微观结构特征展开研究,探讨了不同应力路径下结构性黄土的胶结和孔隙分布的变化及其对土体力学特性的影响。

高彬等(2018)采用应力-应变控制式三轴仪对贵阳市某基坑内的原状和重塑红黏土进行了等压固结和 K_0 固结条件下的增 p 剪切、减 p 剪切、等 p 剪切应力路径室内试验,以研究不同应力路径下红黏土的力学特性。

杨国生等(2019)通过对贵阳红黏土分别施加不同围压(300 kPa、400 kPa、500 kPa),在增 p、减 p、等 p 加载路径下,研究其应力-应变关系,并结合 SEM 电镜扫描测试结果对土样的颗粒形态和孔隙结构等对宏观力学特性的影响规律进行研究。

朱楠等(2020)对天然黏土进行了不同应力路径下的三轴剪切试验,并在此基础上利用围观定量化技术对比不同应力路径下土样内部的微观结构,从微观的角度对结构向黏土的微观结构特征变化机制进行阐释。

张季如等(2021)对不同固结压力下的钙质砂进行了 5 种应力路径下的排水三轴试验,认为不同应力路径对钙质砂的应力-应变关系、抗剪强度和颗粒破碎特性有较大影响。相同固结压力下,等轴向应力试验的剪胀现象最明显,颗粒破碎率最小,峰值内摩擦角最大;等围压试验的剪胀现象最不明显,颗粒破碎率最大,峰值内摩擦角最小;等平均主应力试验的这些性质介于上述两种试验之间。

赵丹旗等(2022)分别在垂直加载与等剪路径下进行试验,通过三轴固结不排水与常剪应力排水剪切试验,对制备的饱和重塑黄土试样开展不同应力路径下的试验研究。

孙磊(2022)借助 GDS 变围压动三轴试验系统对温州饱和软黏土开展一系列恒定围压应力路径以及变围压应力路径下的部分排水循环加载试验,重点对循环动应力比、应力路径及其长度对饱和软黏土的永久轴向应变的影响展开研究。

王海波等(2022)通过精准温控动三轴试验系统,对饱和黏土开展了不同温度和不同升温路径下的剪切试验,分析了不同升温固结方式对饱和软黏土的孔压发展、体应变、强度以及模量的影响规律。

1.2.3 固结时间对土体力学性质的影响

深部土经历了漫长的地质历史时期,固结时间十分久远,孔隙水压力已消散殆尽。超静水压力消散完之后,我们称之为主固结完成,然而土体固结变形并未停止。土体的流变性使得土体在固结压力下发生次固结,继续压缩,黏土颗粒相互靠近,粒间力增强,胶结材料凝固,土体的物理力学性质发生很大变化。因此,固结时间是决定重塑土样能否真实模拟深部土的关键因素,若不对重塑土的固结时间展开研究,试验结果将不能真实反映深部土的力学特性。

沉积固结时间对深部土体应力分布和土体颗粒胶结作用具有很大的影响,深部土体经历了漫长沉积和固结过程,孔隙水压力消散殆尽。土体经过主固结和长期的次固结作用,在深部高应力作用下骨架颗粒相互挤压靠近、粒间力增强、胶结材料凝固,土体物理力学性质继续发生变化。在研究深部土的过程中,除考虑深部土减载的应力路径、应力水平及含水率等对土力学特性的影响之外，还应该充分考虑深部土经历长时高压 K_0 固结这个过程。

在工程实践中发现，离地表一定深度处的某些黏土层，尽管地质历史上从未出现过卸载过程，应当属于正常固结状态，然而却出现固结屈服压力 P_c 大于现在有效上部覆盖荷重 P_0 的超固结现象，并且具有特殊的变形和强度特性。Bjerrum(1963)对这种拟似超固结现象给出了合理的解释，指出黏土在沉积过程中经受次固结、化学胶结、干燥应力等因素的影响，产生了附加的结构强度。

马时冬(1987)对次固结黏土结构强度进行了研究，关于上述拟超固结土特性的研究涉及许多复杂的理论问题，发现：黏土层的次固结并不是一个孤立过程，时间效应和荷载效应互相混合在一起，很难截然区分，随着固结时间的增加，土体的刚度逐渐增大，脆性破坏特征越来越明显。

考虑固结时间效应，赵晓东等(2011)对次固结阶段深土 K_0 的变化规律开展了系列试验研究。试验结果表明：测定的次固结 K_0 可通过关联内摩擦角、次固结压缩系数、压缩指数、二次压缩指数和固结时间的函数关系式进行描述。固结时间和固结压力对次固结 K_0 的影响表现为胶结作用的增强和内摩擦角的减小，其中前者使 K_0 呈非线性变化，而后者的减小使 K_0 增大，即 K_0 的总体变化趋势为非线性增大。

张世银(2008)开展了重塑黏土的高压长时固结直剪试验，最长固结时间达 2 160 h，最大固结压力为 4 MPa，模拟深度为 200 m，发现土的抗剪强度随固结时间增加而增大，增长曲线近似为双曲线，开始时强度增长较快，固结时间达到 168 h 后增长缓慢。

王衍森(2017)开展了深部重塑黏土的长时高压 K_0 固结试验，得到了不同固结应力(8～16 MPa)、不同固结龄期(1～28 d)的重塑土样，并对长时高压 K_0 固结后的黏土试样进行有载冻结试验，之后开展了冻土试样的恒轴压卸围压试验研究，通过单因素循环试验结果获得了冻结温度、固结时间、固结压力 3 个因素对冻土强度、抗变形能力、破坏应变的影响规律，并通过正交试验获得了冻结温度、固结压力、固结时间对冻土强度和割线模量的影响程度，冻结温度影响最大，固结时间次之，固结压力最小。

根据太沙基固结理论，研究发现超静水孔压完全消散后变形继续产生，称之为次固结现象。Bjerrum(1963)指出黏土在沉积过程中受次固结、化学胶结、干燥应力等因素的影响，产生了附加的结构强度：土颗粒在土中结合水和自由水的环境中，并且在长时间的次固结过程中，土颗粒间多种离子交换并成键，形成稳定的结构，并具有胶结力，这种胶结力随着次固结时间的增加而增大。

1.2.4 土体结构性的尺度研究

(1) 宏观试验方面

土的结构性是指土体颗粒和孔隙的性状和排列形式(或组构)及颗粒之间的相互作用。太沙基(Terzaghi)于 1925 年最早提出土的微结构概念，指出评价黏性土的变形与强度特性时应注意微观结构的重要性。1938 年 Kubiena 用“组构”一词来描述土体的基质和骨架的排列及相互关系，给出了微结构的确切定义。Brewer(1964)在总结前人的研究基础上发展和完善了土体微结构概念，提出土的“结构”一词，这个概念包括土体复合颗粒，构成复合颗粒的基本颗粒以及孔隙的大小、形状、排列，特别考虑了颗粒及孔隙的定向性和分布特征，反映了更多的结构信息，具有更高的实用价值。土的微观结构是其物质存在的基础，反映了土体的表现形式及其存在状态。土的结构性被认为是一个决定各类土的物理力学性质的最根本的内在因素。

王道金等(2020)针对滨海相软土,通过无侧限抗压强度试验,研究其突出的结构性与软土基本物理性质指标之间的关系,进而了解软土结构性的形成机理,研究结果表明软土的结构性与塑性指数、初始孔隙比具有较好的线性相关关系。

张目极等(2021)对湛江组结构性黏土的触变性进行了一系列宏观试验研究,通过改变土样的物理性质指标得到重塑土不同静置龄期时的触变强度比率,建立了 3 种物理力学特性参数分别作为变量时的重塑黏土的触变强度比率与静置龄期之间的关系。

孙德安等(2011)以上海淤泥质黏土原状土样和重塑土样为研究对象,通过单向固结试验和三轴剪切试验,研究了不同扰动程度的结构性土力学特性的差异。试验结果表明:结构性强的试样有明显的结构屈服应力,而结构性弱的试样的结构屈服应力不明显;如果去掉孔隙比的影响,结构性强的土样的剪切强度更高。

沈珠江(1998)的研究表明结构性的存在使软土的强度包络线呈折线形。龚晓南(1999)也指出:各种原状黏土由于受到结构性的影响,土体的强度包络线在结构屈服强度处存在明显的转折。

结构性是土体在天然沉积过程中发展起来的一种性质,土样重塑过程会破坏土体的结构性,降低土体的结构强度。因此,对结构性的研究离不开对原状试样的研究。很多学者已认识到这一问题并对重塑土和原状土的结构性差异展开了讨论。

胡建伟等(2017)对武汉市的原状老黏土进行了一维固结压缩试验、无侧限抗压试验以及常规三轴不排水剪切试验,同样制备重塑土样在相同试验条件下进行对比测试,发现重塑土的黏聚力明显低于原状土的,剪切过程中原状土试样普遍表现为应变软化而重塑试样为应变硬化;原状土样比重塑土样更容易出现剪胀现象,并且原状土样在较低围压下固结时其剪切后期均出现负孔隙水压力,表现出明显的剪胀现象。

Asaoka(2000)认为微观结构的变化造成了重塑土与结构性土力学特性上的差异。图 1-1 显示了重塑土与自然堆积土的固结特性的试验结果。由图 1-1 可知:即使在同样的竖向固结压力作用下,结构性土的孔隙比也大于重塑土的,也就是说,孔隙比相同情况下,结构性土能够承受的荷载比重塑土的更大。

(2) 微观试验方面

研究手段的发展直接制约对土体微观结构的研究程度。20 世纪早中期之前人们仅能通过假想的土颗粒排列或宏观力学试验推测土体的微结构,具有极大的局限性。20 世纪后期,随着光学显微镜、X 射线衍射技术、压汞试验以及电子显微镜等相继被用于对土体微观结构的观察,才逐渐揭开土体结构性的真实面纱。

谭罗荣(1981)从土体介质中存在的大量片状黏土矿物颗粒入手,利用 X 射线衍射原理测定了土体中片状颗粒的定向排列,并提出了测量定向度的公式。

Mitchell(1976)也是通过电子扫描设备对土体进行微观分析才提出了微观结构的概念模型,将单粒结构衍生为团粒结构,进一步说明土体结构的复杂特征,又分析了其在工程中的应用。李向全、胡瑞林等运用分形几何理论提出了粒度分维、颗粒定向分维等 7 项定量表征土体微结构状态的分维指标,并在此基础上研究了厦门软黏土在固结过程中的微结构变化规律,同时验证了该方法的适用性。

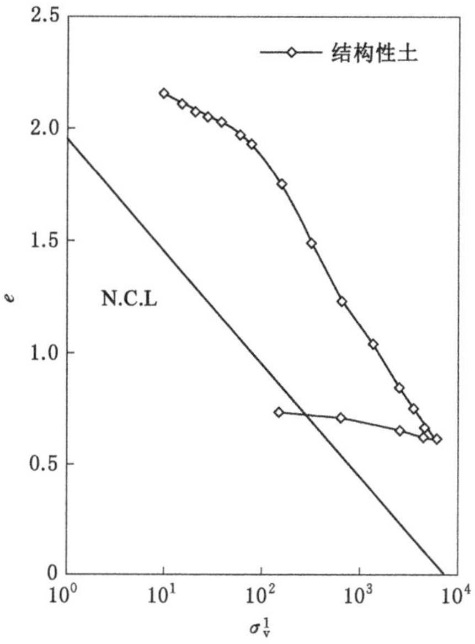

图 1-1 自然堆积土与重塑土的固结试验

张先伟(2014)等利用电镜扫描技术(SEM)对软黏土在大气氧化过程中的微观孔隙变化特征进行了观察，总结了大气环境作用对软黏土的微观结构变化与土性的影响机理。

张先伟(2010)和雷华阳等(2017)都研究了蠕变下的软黏土微观结构变形特征，研究结果表明：蠕变或加速蠕变下的土样的结构单元体复杂程度降低，内部结构密集重组，孔隙大小和分布逐渐趋于均匀化，土体单元形状趋于扁圆，且土体颗粒的定向性增强。

温晓贵等(2011)通过对复杂应力路径剪切前后的黏土进行微观分析，研究了剪切前后的土体孔隙排列、孔隙形态和孔隙尺度变化与原状软黏土归一化抗剪强度各向异性的微观本质。

何开胜(2012)通过点面接触单元和拉格朗日大变形有限元方法，对结构性黏土内在土粒骨架、分子间作用力和外荷载作用下的变形进行了定量分析和探索，总结了土体的内在变形规律，为建立结构性土的力学模型提供了微观基础。

由软黏土的微观结构研究可以看出：土体的结构性与土粒骨架、颗粒黏结方式和状态、孔隙状态(大小、分布和排列)密不可分，是形成天然黏土结构性的主要原因。微观研究从本质上揭示了土体变化的内在机理，得到了土体微观结构的变化规律，能够定性建立土体微观结构与宏观力学性能之间的关系。土体微观结构模型依然是当前的研究热点，随着非线性科学理论和方法的进步，这些研究也将会取得进一步成果。

1.3 研究内容

本书针对淮海地区 Q3 原状及重塑黏土，进行中高压下结构性黏土一维固结试验、中高压下结构性黏土不同应力路径下的三轴试验、深部黏土卸载剪切特性试验研究，分别对不同应力水平、应力路径及加载速率的原状土样和重塑土样开展中高压固结条件下的一维固结试验和三轴剪切试验，分析固结及三轴试验过程中黏土试样结构性变化，具体研究内容如下：

（1）开展 Q3 黏土基本组成与物理性质分析。对 Q3 黏土物理化学特性（包括 Q3 黏土的成分、结构以及其特殊的物理和化学特性）进行分析，介绍试样材料与试验仪器。本章为后续章节的研究提供基础知识。

（2）Q3 黏土的固结特性试验研究。进行 Q3 黏土的一维固结和 K_0 固结试验，观察黏土的结构屈服应力，研究结构性对土体压缩指标的影响。采用英国 GDS 全自动三轴试验系统，进行中高压下结构性黏土不同应力路径三轴试验，研究原状土样与重塑土样的力学特性差异。总结以往的研究成果，确定试验研究 Q3 黏土细观结构和微观结构的有效方法。

（3）Q3 黏土的剪切特性试验研究。进行不同围压、不同加载（卸载）三轴剪切试验。通过对原状土与重塑土宏观三轴试验结果分析，得到黏土结构性参数及结构强度的变化规律，探索黏土结构性参数对结构强度的影响。

（4）通过对不同压力下固结稳定的土样进行电镜扫描试验，探索结构性对土体压缩指标的影响以及微结构特征随土样一维固结和 K_0 固结的变化，并对二者进行了对比分析。

（5）进行相同条件下平行三轴试验，并对不同应变阶段的试样进行扫描电镜分析，对三轴试验过程中黏土样的结构性变化进行研究。

第 2 章　基本组成与物理性质试验

2.1　基本组成

根据本书中采用的试验试样简单介绍 Q_3 黏土的基本组成。试验采取的土样分别为徐州老黏土和山东深部土，都属于 Q_3 黏土的范畴，因此，本节从颗粒级配和矿物成分角度来分析老黏土和深部土的组成。

第四纪晚更新世（Q_3）及以前沉积的黏土俗称老黏土，这种黏土沉积年代久，一般具有较高的强度和较低的压缩性，工程力学性质较好。Q_3 老黏土在我国中部、西南地区广泛分布，地铁、隧道往往需要穿越此地层，在高速公路、高速铁路的建设中也具有重要影响，因此受到工程界的关注。徐州地区分布有大量 Q_3 老黏土，颜色呈棕黄色到棕红色，多数呈硬塑状态，切面常有光泽，具有较高的干强度和较好的韧性，常有包含物，如铁锰结核、砂浆、高岭土等。

本书试验制取原状土样与重塑土样的浅部黏土均取自徐州地区某工程。原状黏土样依据《建筑工程地质勘探与取样技术规程》(JGJ/T 87—2012)，采用薄壁取土器取得，测算其含水率、干密度、液塑限等基本物理力学参数，作为重塑土样的制样标准，见表 2-1。

表 2-1　试验黏土基本物理力学参数

含水率	干密度/(g/cm^3)	相对密度	孔隙比	塑限	液限	塑性指数
28.3%	1.47	2.740	0.864	25.1%	46.8%	21.7

直剪仪测得的原状黏土的快剪试验曲线如图 2-1 所示，测得黏聚力 $c = 77.91$ kPa，内摩擦角 $\varphi = 16.9°$；试验用徐州老黏土颗粒级配曲线如图 2-2 所示，测得不均匀系数$C_u=12$，曲率系数$C_c=0.75$，级配曲线连续平滑，级配良好。

运用中国矿业大学现代分析与计算中心的 Bruker QUANTAX400-10 型电制冷能谱仪对试验用黏土进行矿物成分分析。QUANTAX 是一种多功能能量色散型微分析系统，可配置在扫描电子显微镜、透射电子显微镜、电子探针以及双束 FIB 等分析仪器上，目前广泛应用于工业、教育、科研等领域。QUANTAX 400-10 型电制冷能谱仪配备了第五代超高分辨率 XFlash © 5010 系列无液氮 SDD 硅漂移探测器以及最新的 ESPRIT 软件系统，可提供精确的体材料、薄膜材料、抛光样品、粗糙样品以及颗粒样品微区定性、定量分析数据。测试过程中通过使用高能电子束轰击样品获得一系列分析光谱来确定其化学成分，分析结果如图 2-3 所示。

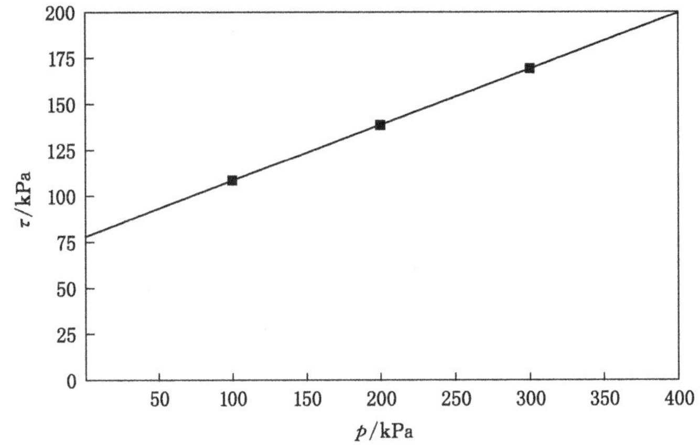

图 2-1　快剪试验曲线

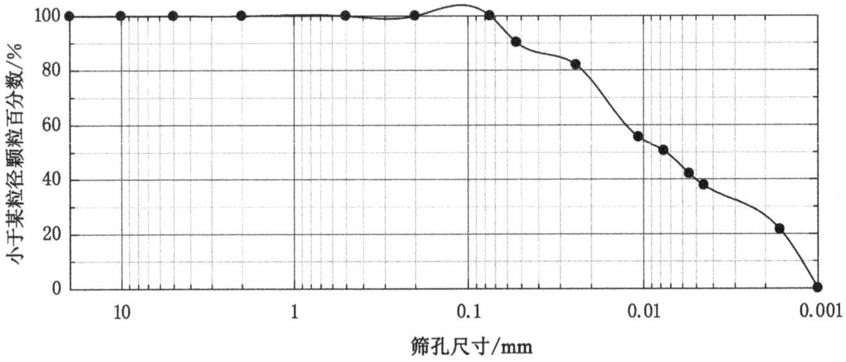

图 2-2　徐州老黏土颗粒级配曲线

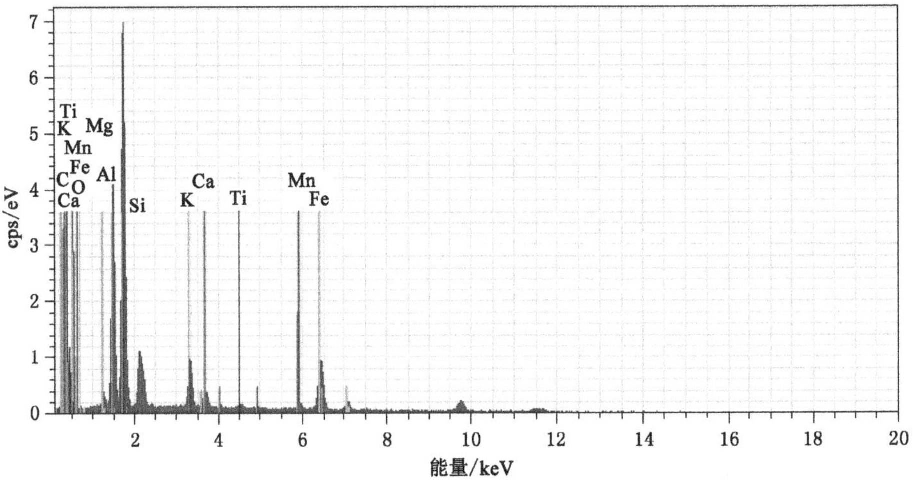

图 2-3　老黏土矿物成分分析曲线

本书试验所用深部土料取自山东郓城郭屯煤矿副井，取土位置在地下 510～515 m 处，是一种褐色黏土。然后晒干、打碎、过筛，作为制样土料，根据设计的物理性质指标，制备饱和重塑土试样。对该土料进行实验室物理性质试验，物理性质指标见表 2-2，颗粒级配曲线如图 2-4 所示。

表 2-2　试验所用深部黏土试样的物理性质指标

土名	风干含水率	颗粒成分			液限	塑限
		<0.005 mm	0.005～0.075 mm	0.075～0.25 mm		
黏土	8.14%	47.6%	42.3%	10.1%	46.7%	20.7%

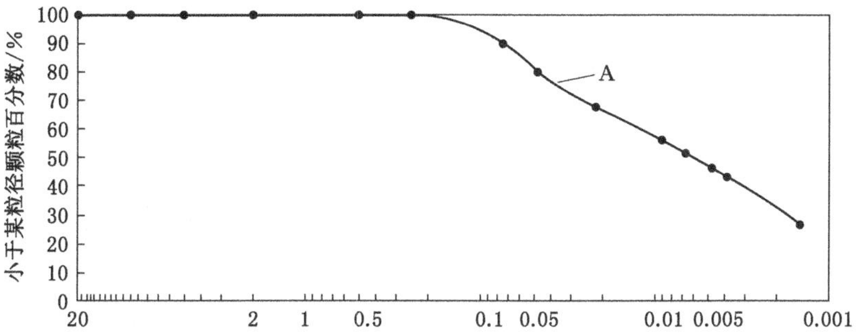

图 2-4　深部黏土试样的颗粒级配曲线

相关文献中用卡萨格兰德塑形图表示我国细粒土与特殊土的分布情况，用 A 线将图分为两个区域：A 线以上为黏土(代号 C)，A 线以下为粉图(M)和有机质土(O)。

$$I_P = 0.66(W_L - 20) \tag{2-1}$$

该文献指出黄土的粒度组成以粉粒为主，液限变化范围为 20%～32%，集中分布在 A 线之上，属于中～低液限黏性土；红土的黏粒含量多数为 50%～70%，塑性指数为 20～50，属于黏土，多数分布在 A 线以下，w_L=50%以上；膨胀土集中分布在 A 线的右上方，液限范围超过 42%，与一般黏土的界限可定为 45%。

由该土样颗粒成分可知：土样中的细粒土占大部分(80.9%)，其中黏粒成分(47.6%)稍大于粉粒(42.3%)，塑性指数 IP=46.7－20.7=26，在 A 线的右上方[A：$I_P = 0.66 \times (46.7 - 20) = 17.622$]，与膨胀土所属区域规律一致。

利用日本理学公司生产的 D/Max-3B 型 X 射线衍射仪对黏土矿物成分进行定量分析。定量分析按照著名的 *K* 值法进行，结果见表 2-3。

表 2-3　所用深部黏土矿物成分定量分析结果

矿物成分	质量分数	化学分子式
蒙脱石	45%	$(Na,Ca)_{0.7}(Al,Mg)_4(OH)_4(SiAl)_8O_{20} \cdot nH_2O$
石英	20%	SiO_2
伊利石	6.5%	$KAl_2(OH)_2(AlSi)_4O_{10}$
高岭石	8.3%	$Al_4(OH)_8Si_4O_{10}$

表 2-3(续)

矿物成分	质量分数	化学分子式
方解石	6.1%	$CaCO_3$
伊蒙混层	8.8%	伊利石/蒙脱石形成的混层矿物
绿泥石	2.5%	$(Mg,Fe,Al)_6(OH)_8(Si,Al)_4O_{10}$
长石	1.3%	$(Na,Ca)AlSi_3O_8/(Na,K)AlSi_3O_8$
石膏	0.3%	$Ca_2SO_4 \cdot 2H_2O$
其他	1.2%	

由表 2-3 可以看出：该黏土矿物组成中有较多的蒙脱石，其次为石英，有部分伊利石、高岭石、伊蒙混层、方解石和少量绿泥石、长石、石膏等矿物。其中，蒙脱石以钠-钙蒙脱石为主，伊蒙混层中蒙脱石较多，且蒙脱石、伊利石以及伊蒙混层共占 60%。可见，上述获得的基本物理指标及矿物组成与现有华东、黄淮地区深厚表土层地质资料相似。

此外，对用去离子水与风干黏土混合制备的泥浆的孔隙水离子成分进行了测试。含量最多的两种阳离子是 Na^+ 和 Ca^{2+}，其浓度分别为 43.83 mg/L 和 24.09 mg/L，这与表 2-3 中占比最多的钠-钙蒙脱石的矿物组成一致。含量最多的两种阴离子是 Cl^- 和 SO_4^{2-}，其浓度分别为 95.53 mg/L 和 153.02 mg/L。

2.2 三项指标

本书针对 Q_3 黏土的宏微观力学特性进行研究，因此，了解 Q_3 黏土的物理性质非常重要。根据不同地区的老黏土以及稠度状态对 Q_3 黏土的三项指标进行简单总结。

2.2.1 按不同地区老黏土分类总结

该部分主要选取了两个地区的老黏土对其三项指标进行简单总结。

根据相关文献，老黏土除在全新世古河道内新生街—铁路一中一带被河流侵蚀掉外，区内广泛分布。徐州市区老黏土的主要物理力学性质指标见表 2-4。由表 2-4 可知：① 徐州市区老黏土含水率平均值为 24.6%，最小值为 18.0%，最大值 37.0%；② 液性指数为 −0.09～0.79；③ 孔隙比平均值为 0.72。总体而言，徐州市区老黏土多数呈硬塑～坚硬状态，上部局部呈可塑状态，中等～低压缩性。

表 2-4　老黏土的主要物理力学性质指标

指标	含水率 w	天然密度 ρ_0 /(kN/m³)	比重 G_s	孔隙比 e	液性指数 I_P	压缩系数 α_{1-2} /MPa^{-1}	压缩模量 $Es_{1\text{-}2}$ /MPa
最大值	37.0%	2.11	2.76	1.00	0.79	0.49	24.0
最小值	18.0%	1.88	2.69	0.51	−0.09	0.27	3.9
平均值	24.6%	1.99	2.73	0.72	0.29	0.18	11.1

通过统计分析安徽省老黏土地区的 220 份工程勘察报告，得出老黏土的物理力学性质

指标，见表 2-5。由表 2-5 可知：① 老黏土的含水率较低，一般在 18.5%～26.0%之间；② 老黏土的孔隙比为 0.53～0.72，介于密实和疏松之间；③ 老黏土液限为 31.2%～44.8%，塑限为 19.2%～24.9%，液性指数为－0.23～0.24，说明老黏土一般处于坚硬或硬塑状态。总体而言，安徽老黏土具有较低的孔隙比和含水率，是一种坚硬或硬塑土。

表 2-5　典型老黏土物理力学性质指标

天然重度 γ /(kN/m³)	含水率 w	孔隙比 e	液限 w_L	塑限 w_P	塑性指数 I_P
19.9～20.8	18.5%～26.0%	0.53～0.72	31.2%～44.8%	19.2%～24.9%	17.2～25.6
液性指数 I_L	压缩系数 α_{1-2} /MPa⁻¹	压缩模量 Es_{1-2} /MPa	黏聚力标准值 c_k /kPa	内摩擦角标准值 Φ_k /(°)	自由膨胀率 δ_{ef}
－0.23～0.24	0.07～0.18	10.06～23.81	51～119	10.5～52.5	37%～65%

2.2.2　按稠度(深度)分类总结

选取已有的对深部土的研究中都涉及深部原状土的物理性质，见表 2-6 至表 2-8。

表 2-6　深部黏土试样的基本物理力学性质指标(巨野矿区 1)

编号	取样深度/m	密度/(g/cm³)	含水率	塑限	液限	塑性指数
1	309.00～326.40	1.80	19.41%	31.64%	52.37%	20.73
2	385.90～388.00	1.96	15.41%	24.14%	47.30%	23.16
3	429.60～431.80	1.93	11.18%	28.51%	48.51%	20.00
4	462.30～468.50	1.96	10.78%	27.17%	55.06%	27.89
5	525.00～526.60	1.93	15.68%	16.46%	34.85%	18.39
6	542.70～546.00	1.92	17.12%	17.81%	35.88%	18.07

表 2-7　深部黏土试样的基本物理力学性质指标(巨野矿区 2)

编号	取样深度/m	原状土样					
		密度/(g/cm³)	含水率	孔隙比	塑限	液限	塑限指数
82	429.60～431.80	1.93	21.18%	0.42	28.51%	48.51%	20.00
88	462.30～468.50	1.86	20.78%	0.44	27.17%	55.06%	27.89
90	477.50～481.30	2.06	18.36%	0.36	35.60%	61.33%	25.73
94-2	498.90～499.30	1.93	13.76%	0.38	23.46%	45.13%	21.67
101	525.00～526.80	2.16	11.68%	0.29	16.46%	34.85%	18.39
106	566.00～566.20	2.11	11.47%	0.31	16.74%	35.12%	18.38

表 2-8　深部黏土试样的基本物理力学性质指标(巨野矿区 3)

编号	取样深度/m	密度/(g/cm³)	含水率	孔隙比	塑限	液限	塑性指数
1	326.10～328.60	1.99	17.04%	0.37	21.92%	35.86%	13.94
2	361.40～367.50	1.99	26.53%	0.44	29.59%	53.23%	23.64
3	385.90～388.00	1.96	25.41%	0.43	24.14%	47.30%	23.16
4	517.60～521.60	2.12	22.10%	0.37	28.25%	51.35%	23.10

由表 2-6 至表 2-8 可以看出：

① 深部黏土的天然含水率比较低，最低达 10.78%，最高达 26.53%，均小于塑限；

② 孔隙比较低一般为 0.3～0.5，属于密实土；

③ 界限含水率较低，液限一般为 35%～61%；塑限一般为 16%～35.6%，最低达 16.46%，最高达 35.60%。

总体而言，深部黏土具有低孔隙比、低含水率、高塑性以及高密实性，是一种高压固结硬黏土。

将表中深部黏土的液性指数与液限绘在卡萨格兰德塑形图中(图 2-5)，可以发现大部分点在 A 线以上，分布特征较明显且基本呈条带状，说明深部黏土具有共同的分布规律。

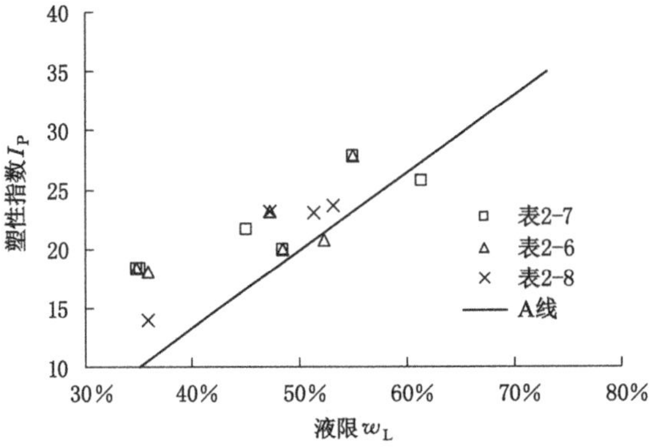

图 2-5　深部黏土的塑形图

将各表中深部黏土的含水率、密度与取土深度标注在图 2-6 中，可以很直观地观察到随所取土样的深度变化深部黏土中含水率和密度的变化规律：

① 由表 2-6 中数据可知 300～500 m 内黏土试样的含水率是逐渐降低的。表 2-7中的数据有明显的变化规律，含水率随深度的增加而减小。由表 2-8 可知 350～500 m 深度内含水率是逐渐降低的。

② 除表 2-6 中黏土试样的密度变化不明显外，另外两组试样的密度都随深度的增加而增大。

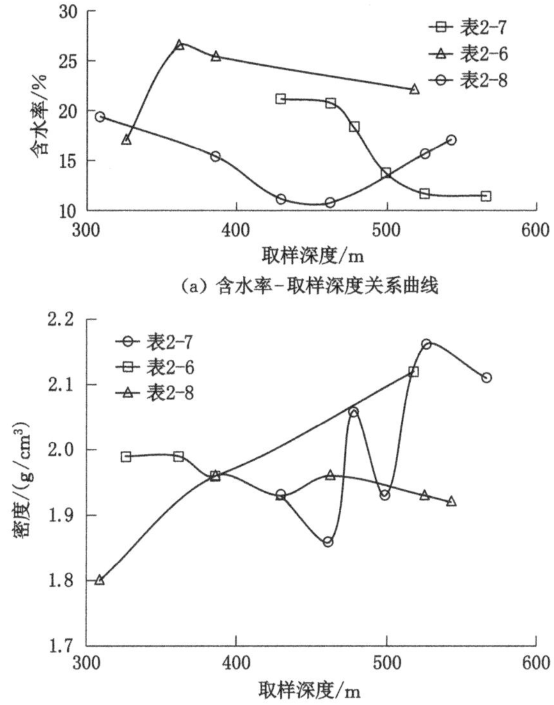

(a) 含水率-取样深度关系曲线

(b) 密度-取样深度关系曲线

图 2-6　含水率、密度与取样深度的关系曲线

2.3　物理特性

对于同种土，其稠度状态是指含水率不同的土所表现出的不同的软硬状态。土体稠度状态指标的大小是通过天然含水率与界限含水率(塑限含水率、液限含水率)的关系来考虑的，一般用液性指数(液性指数是指土的天然含水率和塑限含水率之差与塑性指数的比值)来表征。当天然含水率小于塑限含水率时，土体处于坚硬状态；当天然含水率大于液限含水率时，土体处于流态；当天然含水率在界限含水率之间时，土体处于塑态。

黏土的稠度状态可以利用液性指数来划分。液性指数是表征天然含水率与界限含水率之间相对关系的指标，描述黏土状态(表 2-9)。

表 2-9　黏土的状态分类

液性指数	状态	抗剪强度	固结量
$I_L \leqslant 0$	半固态	高	无
$0 < I_L \leqslant 0.25$	硬塑	较高	很小
$0.25 < I_L \leqslant 0.75$	可塑	中等	中等
$0.75 < I_L \leqslant 1$	软塑	很小	较大
$I_L > 1$	流塑	几乎为 0	大

根据土工试验结果，土的强度与湿度有以下关系：当土体的含水率小于塑限时，即液性指数小于 0 时，为半固态，极限抗剪强度比较高；当土体的含水率大于塑限时，即液性指数在 0 和 1 之间时，为塑态，极限抗剪强度急剧下降；当含水率大于液限时，即液性指数大于 1 时，为流态，则极限抗剪强度几乎为 0。

相关文献中描述了埋深与黏土液性指数的关系。图 2-7 和图 2-8 分别为从北到南各地点黏土的埋深与液性指数的关系曲线。其特征如下：(1) 随着埋深的增加，液性指数均有下降的趋势，到达一定的深度时液性指数基本小于 0。当黏土主要是半固态和硬塑状态时，上海市黏土的埋深大于 250 m，潘集矿黏土的埋深为 150 m，海孜矿的黏土埋深约为 75 m，兴隆庄矿的黏土埋深约为 70 m。(2) 在浅部，上海市黏土主要是流塑和软塑状态，安徽潘集矿的黏土为软塑状态，而河北邢台矿和山东兴隆庄矿的黏土为硬塑状态。(3) 液性指数随埋深的增加是逐渐降低、波浪起伏的，没有出现十分明显的分界。

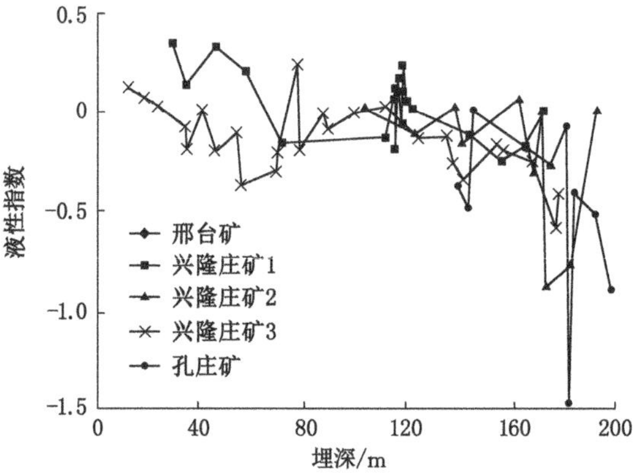

图 2-7　邢台矿、兴隆庄矿和孔庄矿黏土埋深与液性指数的关系曲线

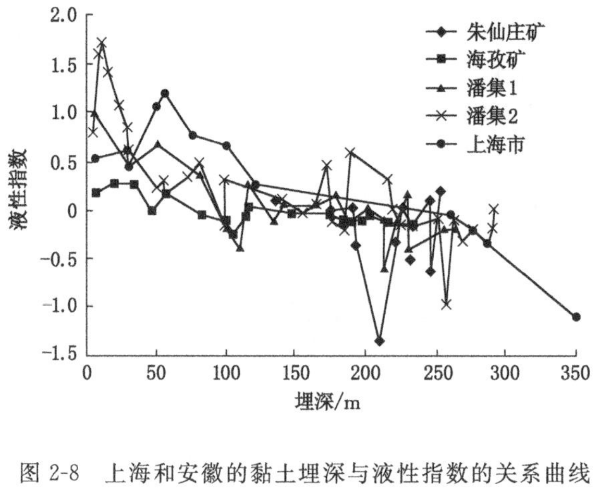

图 2-8　上海和安徽的黏土埋深与液性指数的关系曲线

2.4　试样材料与试验仪器

2.4.1　试样选取

试样选取对试验结果有重要的影响。为了研究 Q_3 黏土宏微观力学特性，本书试验所用黏土分别取自徐州老黏土和山东深部土。

(1) 徐州老黏土

由于试样含水率对其力学性质影响较大，每个试验取不同的含水率，便于对比分析。以往研究结果表明高应力下黏土的含水率和其塑限较接近，埋深在 150 m(应力约为3 MPa)以上的黏土含水率略大于其塑限，一般大 3%～5%，一般大于3 MPa 应力下的黏土的含水率接近塑限。本次试验含水率选取 24%。

(2) 山东深部土

针对深部黏土的力学特性研究，采用深部土作为试验用土样。该土样取自山东郓城郭屯煤矿副井，取土位置为地下 510～515 m 处，是一种褐色黏土。经过晒干、打碎、过筛，作为制样土料，根据试验设计的物理性质指标制备饱和重塑土试样。

2.4.2　制样方法

本书制样方法主要涉及原状土样和重塑土样的制备，针对不同的试验研究采取了相对应的制样方法。其中，中高压下一维固结试验和中高压下结构性黏土不同应力路径三轴试验是针对原状土和重塑土的采取制样。深部黏土卸载剪切特性试验是针对重塑土的采取制样。具体的制样方法如下。

2.4.2.1　中高压下结构性黏土一维固结试验

(1) 原状土样

原状土样制备采用环刀制样。将土样筒按标明的上下方向放置，剥去筒外包裹的蜡封和胶带，开启土样筒取出原状土样。去除土样表面的残余泥浆等杂物，检查土样结构，若确定土样已经受到较大扰动或取土质量达不到要求，则舍弃该土样。用钢丝锯截取质量较好、土质相对均匀的无杂质部位 6～8 cm 厚的土样，作为环刀取样材料(图 2-9、图 2-10)。

在环刀内壁均匀涂抹一薄层凡士林，将环刀刃口向下平放在土样上，然后将环刀垂直下压，压至土样高出环刀约 1 cm，削去环刀外余土，用钢丝锯和切土刀整平环刀两端土体，将环刀外壁擦拭干净，称取环刀和环刀内土总质量。取余土用于含水率、液限、塑限等基本参数测定。

(2) 重塑土样

重塑土样制备采用击样法，即将根据环刀容积和要求干密度计算得到的一定质量的湿土倒入装有环刀的压样器内，击实至所需要的密度。将现场取回的黏土掰碎，初步风干后再在 105～110 ℃烘箱中烘干，然后用粉土机粉碎并通过孔径 2 mm 细筛。为避免粉土机破碎土粒，粉碎时间不宜较长。将过筛后的黏土密封在塑料袋中备用，测得风干含水率 $w_0=2.86\%$，根据烘干土含水率、干密度、体积等参数计算所需烘干黏土质量，将相应质量的黏土

图 2-9　原状试样中间高岭土夹层

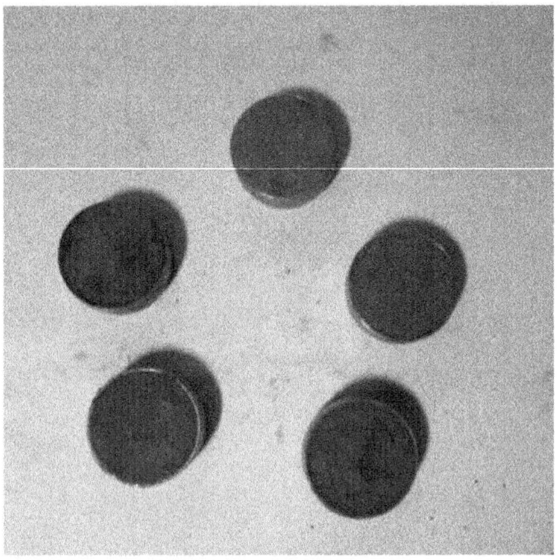

图 2-10　环刀试样

倒入装有环刀的击样器，击至规定高度。

根据试验要求的土量和含水率，制备试样所需加水的质量应按下式计算：

$$m_w = \frac{m_0}{1 + 0.01w_0} \times 0.01(w_1 - w_0) \tag{2-2}$$

式中　m_w——制备试样所需加水量，g；

m_0——制备试样所需烘干黏土的质量，g；

w_0——烘干含水率，%；

w_1——制样要求的含水率。

称取一定质量的烘干土样平铺于搪瓷盘内，将所需质量的水均匀喷洒于土样上充分拌匀后装入盛土容器内盖紧，润湿一昼夜。测定润湿土样不同位置处(不少于 2 点)的含水率，根据环刀容积和所需干密度，制样所需湿土量按下式计算：

$$m_0 = (1 + 0.001\,w_0)\,\rho_d V \tag{2-3}$$

式中　m_0——制备试样所需的烘干黏土的质量，g；

w_0 ——烘干含水率,%;

ρ_d ——试样所要达到的干密度,g/cm^3;

V ——试样体积,cm^3。

对于制备好的原状和重塑环刀试样,还应采用真空抽气饱和的方法对试样进行饱和。在环刀样两边粘贴润湿的滤纸,并加透水石固定,放入饱和缸中,抽真空至−0.1 MPa 后继续抽气 2 h,后通入蒸馏水浸泡饱和,浸泡时间不短于 12 h。对于饱和后的试样,称取总质量计算饱和度,若饱和度低于 95%,则重复饱和。

2.4.2.2　中高压下结构性黏土不同应力路径三轴试验

(1) 原状土样的制备

本试验原状土样取自徐州地区 Q_3 黏土层,现场取样按《建筑工程地质勘探与取样技术规程》(JGJ/T 87—2012)进行,采用薄壁取土器均匀连续压入取样。将取得的原状土样去除表面残留泥浆等杂物,检查土样质量,观察土体性状,剔除含软弱夹层或含碎石砂浆较多等不合格土样。将土样上下削平,竖直固定于切土盘,用钢丝锯紧靠切土盘滑杆由上向下均匀快速用力切削,边切削边转动圆盘,保证取到试样中心扰动程度最低、结构保持最完整的土样(图 2-11)。为避免切削土体时对中心位置土造成较大的扰动,也为保证切削保留直径的精确性,宜由大到小逐渐切削至规定直径 50 mm。然后将切削好的圆柱形土柱取下,放入三瓣模制样饱和器中,套上三瓣模外环箍固定,将两端多余土柱削除,依次放置滤纸、透水石后固定。对制备的土样进行称重并测试余土含水率,保证误差不超过 2%～3%,以确保试验结果具有可比性,降低因试样差异对试验结果的影响。原状黏土的物理力学指标见表 2-1。

(a)　　　　(b)

图 2-11　原状土样制备

(2) 重塑土样的制备

采用处理好的封装在塑料袋中的黏土及表 2-1 相应的制样参数进行重塑土样的制备。三轴试验土样采用 $\phi 50$ mm×100 mm 的试样,制样采用分层击实法。计算试样所需的烘干土质量,在三瓣模的制样饱和器内壁均匀涂抹一层凡士林,将要求质量的烘干土分 6 层击入制样器,依次放置润湿的滤纸、透水石后固定试样。

原状土样或重塑土样制备好后,先用真空抽气饱和方法对试样进行饱和,将土样放入饱和缸，黏土试样为保证饱和度，抽真空至−0.1 MPa 后继续抽气 3～4 h，打开进水阀通入蒸馏水，为抽掉进水管内的空气，待蒸馏水充满进水管后即关闭抽气阀和真空泵，蒸馏水浸没试样后方可停止吸入蒸馏水，使空气进入饱和缸。试样在蒸馏水中的浸泡时间不低于 24 h。

2.4.2.3 深部黏土卸载剪切特性试验

真正完整的深部原状土样是无法取得的，或多或少都会受到扰动，取扰动后的试样进行试验时结果会产生差别，规律性降低。用重塑土进行试验，并模拟原状土的应力环境时，得到的结果与原状土的相差不大，而且在同一制样标准与试验标准下，试验结果具有规律性，因此试验中选用重塑土制备试样。

试样的制备依照《土工试验方法标准》(GB/T 50123—2019)的相关要求进行。低压试样的制备过程为：选取该深部黏土重塑土样 10 kg，经风干、碾碎、过 2 mm 筛，测定风干含水率为 8.14%(图 2-12)。为了研究初始固结压力对土样含水率的影响，直接取风干土进行制样，试样直径为 39.1 mm，高度为 80 mm。按试样高度分 6 层击实，各层土料要求质量相等，每层击实至要求高度，将表面刨毛，然后再加第 2 层土料，如此依次进行，直至击完最后一层，将击样筒中的试样两端整平，取出称其质量，试样的密度差值应小于 0.02 g/cm^3，即试样的合格标准为制备完成后其质量在 137.1～139.1 g 之间，否则为废样。本书试验所采用的试样均为合格试样。将试样装入饱和器，放入无水的真空缸，真空缸与抽气机接通，进行抽气。当真空度接近 1 个大气压后，继续抽气 2 h。然后向真空缸内徐徐注入清水，并保持真空度稳定。待饱和器完全被水淹没即停止抽气，并释放真空缸内的真空。试样在水下静置 24 h，然后取出并称其质量，饱和试样质量为 177.5～179.1 g，测得饱和试样的含水率在 40.1%～40.5%之间。

(a)

(b)

图 2-12 重塑土样制备

高压试验采用含水率为 20%、干密度为 2.0 g/cm^3 的土样来配制，试样直径为 61.8 mm，高度为 125 mm。首先，将土样风干、碾碎、过筛，然后测出风干含水率，按要求含水率算出所需加水量，将需加的水量喷洒到土料上，稍静置后装入塑料袋，然后置于密闭容器内 24 h，使含水率均匀。取出土料复测其含水率。若所测得的含水率与要求含水率的差值在 1%以内，则可进行击实。否则需调整含水率至符合要求为止。击样筒的直径与试样直径相等。击锤的直径略小于试样直径，击样筒壁在使用前洗擦干净，涂一薄层凡士林。根据要求的干密度，分层击实。制备土样，应满足以下要求：(1) 保证土样的均匀性；(2) 制备土样的含水率大致相等；(3) 装样时应尽量避免人为扰动土样。

2.4.3　试验仪器

2.4.3.1　固结与直剪仪

(1) 低压 GJY 型 K_0 固结仪

本书部分低压固结试验在南京土壤仪器厂生产的 GJY 型 K_0 固结仪上进行。固结原理：当土样受到轴向负荷，不仅轴向要产生位移，同时侧向也会产生相应的变形，此时假定橡胶模及压力腔中的液体是不可压缩的(实际有少量变形)，这就限制了土样侧向变形，通过橡胶模和液体作为传压介质，就有侧压力传至测量装置上，土样在各级轴向压力下固结完成后(可用底部孔隙压力或轴向位移量来检测)的有效侧向压力 σ_3' 与有效轴向压力 σ_1' 之比或者二者增量 σ_3'/σ_1' 之比即 K_0。

仪器主要由底座、上环、中环、下环、传压板、定位校正样块、橡胶模等组成，如图 2-13 所示。

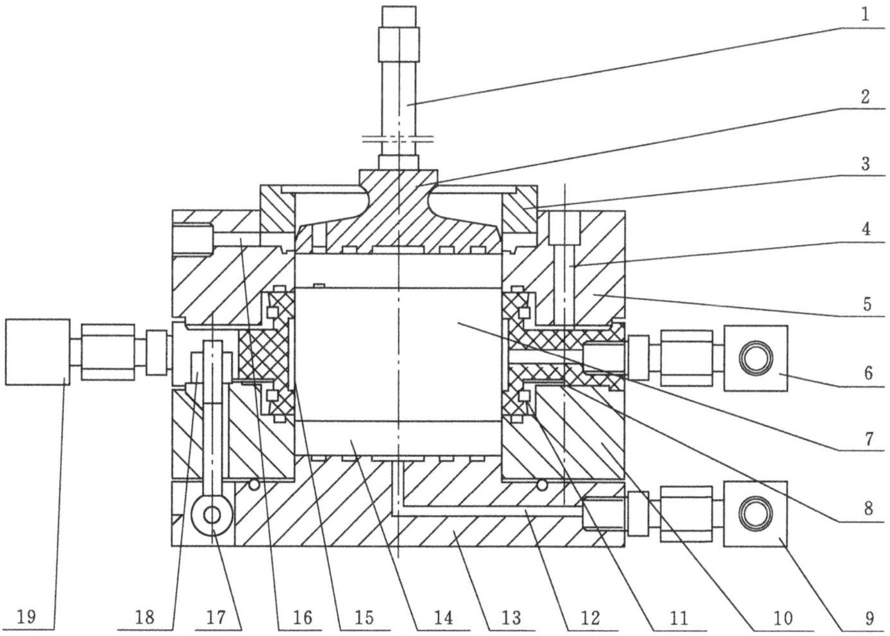

1—表架；2—传压板；3—上盖；4—螺钉；5—上环；6—三通阀；7—试样；
8—中环；9—三通阀；10—下环；11— O 形圈；12—排水孔；13—底座；
14—透水板；15 橡胶膜；16—排气孔；17—活节螺栓；18—螺母；19—两通阀。

图 2-13　GJY 型 K_0 固结仪结构图

使用固结仪前应进行检查。排除密闭受压室内和测压系统的气泡，其方法是：打开排气孔阀，从进水孔注入纯水，当排气孔溢出水时用手挤压受压室内的橡皮膜，使受压室中的水从排气阀冲出。如此反复数次，直至无气泡溢出。排气完毕，关排气孔阀门，关进水孔阀门。用校正样块代替试样，慢慢放入容器，开排气孔阀使受压室多余的水从排气孔排出，使橡皮膜平整并紧贴校正样块，关排气孔阀，用侧压力量测系统逐级施加压力，直至压力达 500 kPa。如压力表读数不下降，表示受压室和各管路系统不漏水。然后卸除压力，取出校正样块。固结试验装置如图 2-14 所示。

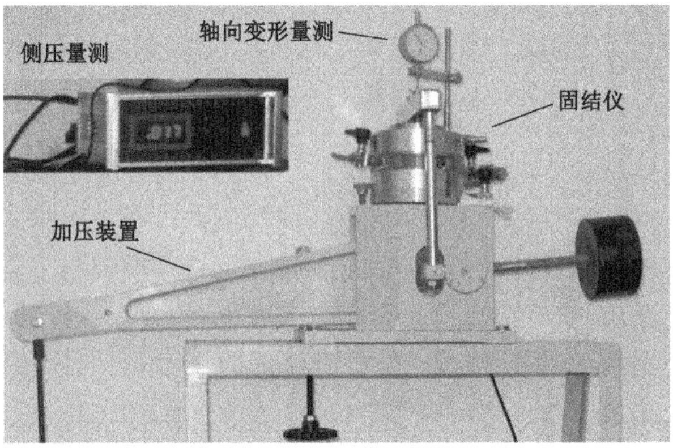

图 2-14　K_0固结试验装置

(2) 一维固结试验仪器

一维固结试验在深地工程智能建造与健康运维全国重点实验室（徐州）GDG-4S 型三联高压固结仪上进行。该仪器可进行 30 cm^2 和 50 cm^2 两种面积的土样试验。试验中采用砝码进行加载，杠杆比有 24∶1 和 2∶1 两种。长、宽、高分别为 680 mm、800 mm 和 1 000 mm，固结压力为 0.012 5～4 MPa。装置如图 2-15 所示。

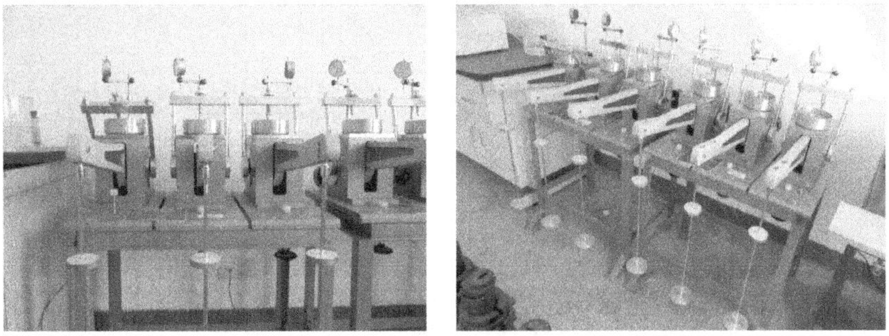

(a)　　　　(b)

图 2-15　GDG-4S 型三联高压固结仪

(3) 高应力水平下 K_0固结试验仪器

高压 K_0 固结仪试验装置如图 2-16 所示，最大围压不低于 15 MPa，试样尺寸为 ϕ61.8 mm×150 mm。该试验装置可以进行高应力下土的 K_0固结、卸载、剪切试验。仪器主要由以下部分组成。

图 2-16　SKA-1 型 K_0 固结仪

① 刚性密封式压力室

压力室如图 2-17 所示，侧壁用高强无缝钢管、顶底用高强钢板精加工而成。经 20 MPa 耐压试验检测，其刚度大，密封性能好。传压活塞杆近似无阻运行。压力腔内传力介质为航空压力油。

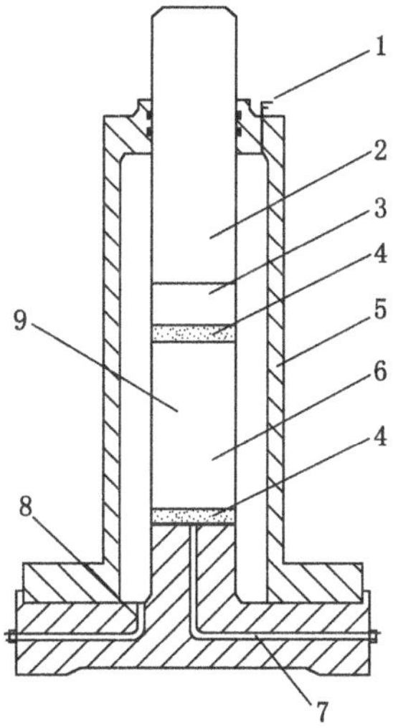

1—出油阀；2—加压杆；3—试样帽；4—透水石；5—外筒；
6—试样；7—排水管(测孔压)；8—进油管(供围压)；9—航空压力油。

图 2-17　压力室示意图

② 加压装置

轴压加压系统采用中国矿业大学理学院购买的美国产 MTS-810 型伺服机试验系统(图 2-18)，轴压等应变施加和等应力施加均可。侧向压力通过 MTS-815 型伺服机试验系统加压，可以定速率自动施加轴压、侧压，加、卸载采用程序自动控制。

③ 参数测试与采集

轴向应力、轴向应变、体积应变由 MTS 控制系统自动记录，固结时侧压和孔隙水压力

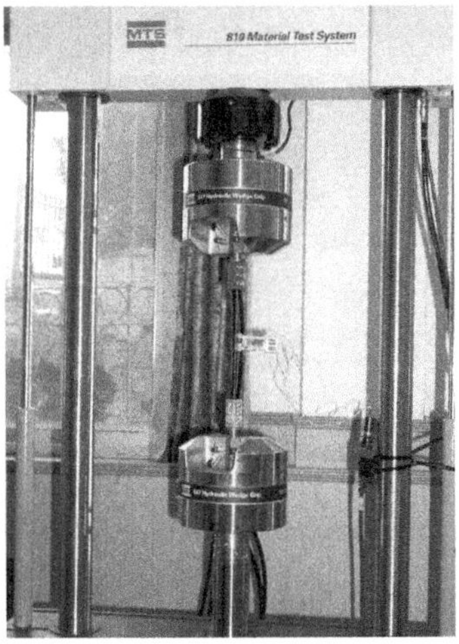

图 2-18　MTS-810 型伺服机

由液压传感器与 DATA-TAKER 连接自动采集。上述参数在试验过程中用微机控制同点采集。其中体积应变与孔隙水压力的测量装置如图 2-19 与图 2-20 所示。

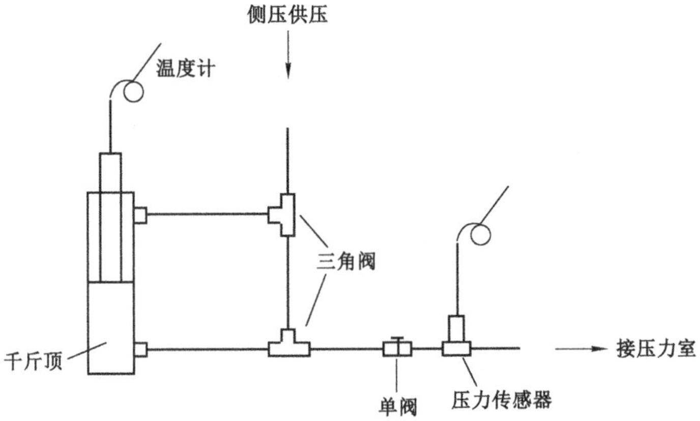

图 2-19　体积应变测量系统

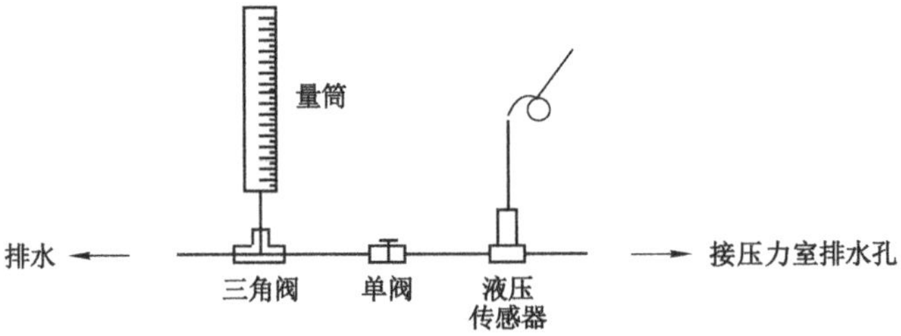

图 2-20　孔隙水压力测量系统

④ 数据整理

将试验控制台(电脑)输出的参数列表作为基本数据,用试验前率定的函数关系进行计算，取得单参数值和绘图所需参数的综合计算值，供分析使用。

(4) 高压直剪仪

本书部分直接剪切试验采用的试验系统是中国矿业大学研制的 DRS-1 型超高压直残剪试验系统。该系统由主机、测量系统、控制系统、微机数据处理系统组成，如图 2-21 所示。

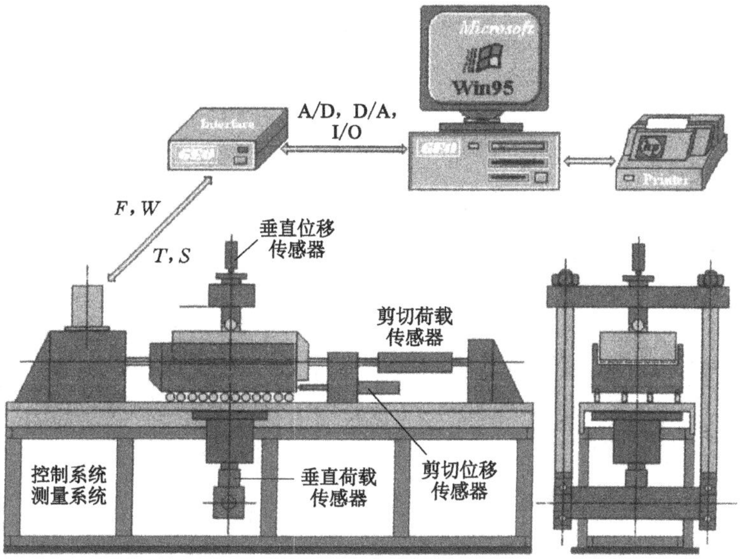

图 2-21　直残剪试验系统

① 主机

主机包括水平加载装置、剪切框、反力架和基座等部件。水平和法向加载均采用蜗轮蜗杆及滚珠丝杆传动方式，步进电机驱动，最大输出力为 60 kN。剪切框有上、下盒以及透水石，垫块和加载帽，推动框。为保证剪切面位于试样高度方向中间部位，两块透水石厚度分别为 10 mm 和 15 mm。对于 30 mm 厚的试样，10 mm 厚透水石置于试样底部，15 mm 厚透水石放在试样上部(下薄上厚)；20 mm 厚的试样则反之，且在顶部加上垫块(10 mm 厚)，以使加载帽放置高度不变，方便操作。

② 测量系统

试验测量参数包括剪切荷载 T、法向荷载 F、剪切位移 s 和法向位移 W。其中，剪切荷载和法向荷载由 BLR-42 型拉式负荷传感器量测，其量程为 30 mm，精度为 0.025%；剪切位移和法向位移采用 LVDT 位移传感器量测，其量程为 10 mm。参数均自动采集和输出。对量测剪切位移的传感器，其位移零点与传感器零点之间的相互关系如图 2-22 所示。

③ 控制系统

设有人工和自动两种控制方式，系统按试验前所设定的状态和拨码开关所设定的数值进行跟踪控制，微机内置 HY-8021 多功能数据采集卡，通过专用连线与主机相连。采用 DRS 软件来控制试验全过程，可按设定自动对土样进行高压剪切和残剪试验，自动绘制并动态显示剪切应力-剪切位移关系曲线。

2.4.3.2　三轴仪

(1) 中低压 TSZ-2 型全自动三轴仪

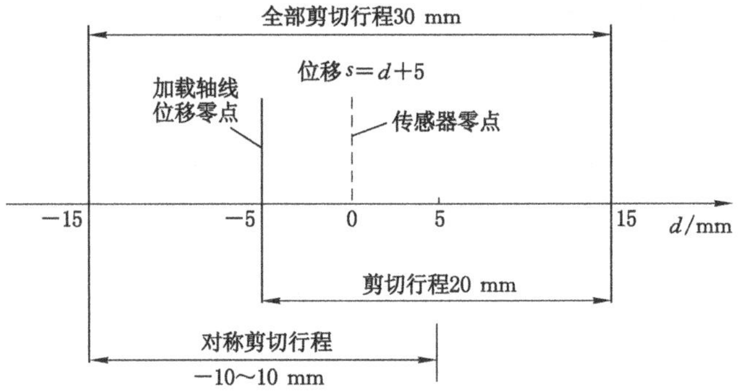

图 2-22　位移零点与传感器零点相互关系

试验机采用步进电机无级变速、加压，轴向力可用力传感器或钢环测量。由精密数字活塞组成的液压系统施加围压、反压，对固结排水、体积变化的测量不需要量管和传感器，可以分辨出 1 mm^3 的变化；管路系统的连接由进口的高压快速接头和高压电磁阀组成，耐压超过 2 MPa；电路中的控制程序模块采用在线可升级芯片结构，全汉字液晶显示，操作方便。TSZ-2 型全自动三轴仪如图 2-23 所示。

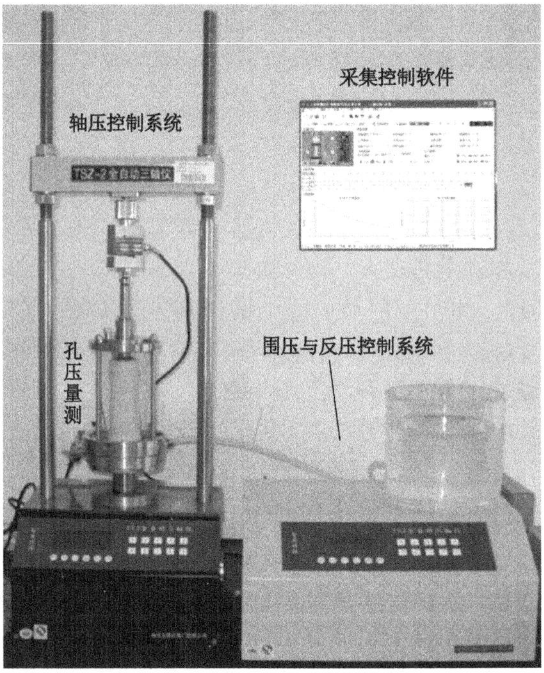

图 2-23　TSZ-2 型全自动三轴仪

数据采集采用 TWJ 数据采集处理系统，数据采集装置由传感器、采样盒、计算机组成，之间用导线连接。一个采样盒可连接 8 个通道。采样盒一侧有 2 个插座，分别是信号的进口和出口。第一个采样盒的进口与计算机的串形口相连，第二个采样盒的进口与第一个采样盒的出口相连，依次类推。根据每个实验室所需通道数不同，可将若干个采样盒用导线连接起来，构成并联形式(图 2-24)。

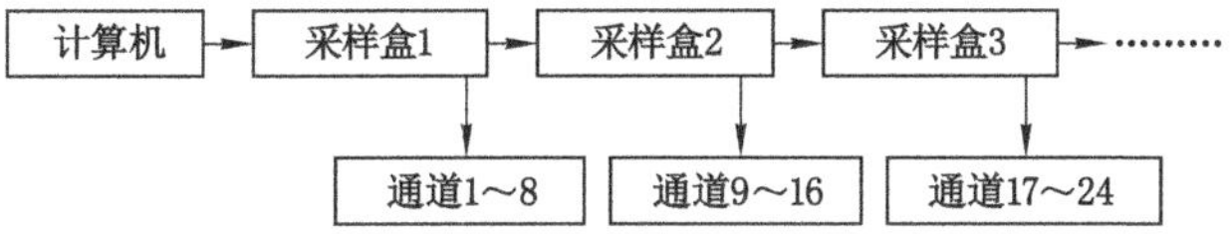

图 2-24　数据采集系统示意图

三轴试验数据采集流程如图 2-25 所示。

（2）高压三轴系统

本书部分试验系统为中国矿业大学与长春朝阳试验仪器有限公司合作研制的 TATW-500 型土与冻土动静态三轴试验系统，可进行土与冻土的静态、动态单轴试验和三轴试验，主要用于研究土与冻土在三向应力（σ_1，σ_2，σ_3）作用下的物理力学特性及冻土的疲劳力学特性。结合已有的中国矿业大学研制的高压 K_0 固结仪（SKA-1 型 K_0 固结仪），可用于研究高应力条件下土的力学特性，该试验设备能满足高应力状态下土体试验要求。

TATW-500 型土与冻土动静态三轴试验系统主要由土与冻土动静态三轴试验机、控制系统、计算机测控系统等组成。

采用进口原装德国 DOLI 全数字伺服控制器，其具有控制精度高、保护功能全、可靠性及扩展性强等特点。计算机系统采用市场上最先进的联想主机，在 Windows 环境下运行的试验软件，具有良好体验的人机界面，可实时显示多项测量参数和试验曲线，同时可储存、再现测量参数或试验曲线，并进行分析及打印试验报告。

土与冻土动静态三轴试验机主要由主机、压力室、吊车、充液油源、围压加载装置、孔隙水加载装置、气泵等组成。

主机：采用液压缸下置、四柱式框架结构，液压缸活塞组件安装在机座中，由机座、力柱、横梁构成的加载框架结构紧凑，具有较高的刚度。机座上安装有轨道及小车，压力室固定在小车上，小车可在轨道上移动。吊车安装在横梁上，便于试验及试样装卸。轮辐式传感器安装在横梁的下平面上。

压力室：筒体和压力室盖及底座均采用卡箍式连接结构，拆卸方便、快捷。

充液油源：主要由油箱、电机、齿轮泵等组成，用于向压力室或围压加载装置的加压缸内充液。

围压加载装置：由框架、加压缸、伺服电机组、传动系统等组成，通过加压缸、伺服电机组可向冻土试样施加围压，由伺服系统对围压进行控制。

孔隙水加载装置：由框架、加压缸、伺服电机组、传动系统等组成，通过加压缸、伺服电机组向岩石试样内加注一定压力的孔隙水，由伺服系统对孔隙水的压力进行控制。

气泵：主要用于排空压力室内的工作油。

伺服油源主要由油箱、液压泵电机组、电液伺服阀、滤清装置、溢流阀、换热器等组成。伺服油源可根据试验需要向液压缸提供一定压力的工作油。滤清装置可对工作油进行精密过滤，以避免机械杂质对液压系统造成损坏。

当工作压力超过系统压力时，溢流阀自动打开进行卸载，以保护液压系统的安全。当油温超过设置的温度时，制冷机自动启动，经过换热器降低油温。

计算机测控系统主要由计算机、控制器、传感元件等组成。根据试验设置，计算机发出

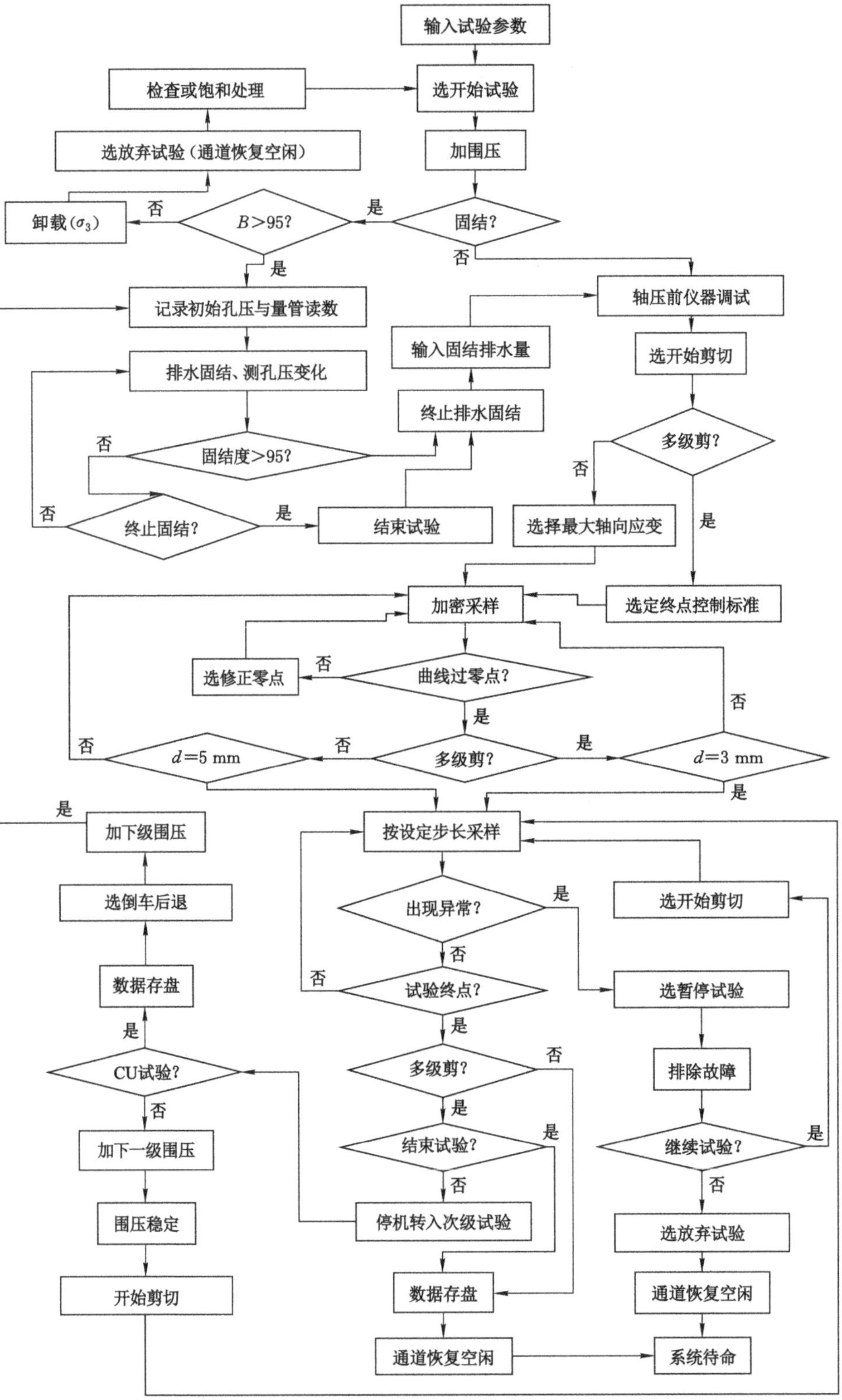

图 2-25　三轴试验数据采集流程示意图

指令，经控制器控制执行机构或元件向试样施加轴向力和围压，通过传感元件反馈，实现对试验全过程的控制。

高压三轴系统主要技术参数见表 2-10。

表 2-10　高压三轴系统主要技术参数

序号	项目	参数
1	最大轴向试验力/kN	500
2	轴向试验力范围	2%～100%
3	轴向试验力精度	±1%
4	轴向试验力分辨率/N	5
5	最大围压/MPa	20
6	围压测量范围	2%～100%
7	围压测量精度	±1%
8	围压压力分辨率/MPa	0.002
9	轴向试验力频率/Hz	0～10
10	振幅/mm	±(0.01～1)
11	频率精度	±0.1%
12	最大轴向位移/mm	0～150(±75)
13	轴向位移精度	±1%
14	试样规格/mm×mm	ϕ300×600 ϕ200×400 ϕ100×200
15	主机外形尺寸/mm×mm×mm	4 050×1 090×3 800
16	液压泵流量/(L/min)	63
17	液压泵用电机功率/kW	30
18	伺服油源外形尺寸(长×宽×高)/mm×mm×mm	1 200×500×1 000
19	总功率/kW	36

(3) 全自动三轴试验系统

① 系统简介

试验装置采用英国 GDS 公司研制的 GDS 全自动三轴试验系统，可完成标准三轴、应力路径、低频循环、K_0 以及其他用户自定义试验等。该试验系统主要包括数字荷载架、三轴压力室、线性应变传感器、孔隙水压力传感器、标准体积控制器、标准压力控制器以及数据采集系统，如图 2-26 和图 2-27 所示。

系统通过最大竖向荷载可达 50 kN 的数字荷载架进行轴向压力控制；通过压力/体积控制器进行围压和反压控制；压力/体积控制器由步进电机精确控制压力，并且根据步进电机移动步数直接测量体积变化值。通过计算机闭合回路控制，每隔 2 s 会自动反馈 1 次数据，实现自动补压或降压功能。系统由 GDSLAB 软件控制实时显示的图形控制试验。

对于不同的试验类型，系统的工作原理和计算模式有所差别，如果用 GDSLAB 完成不

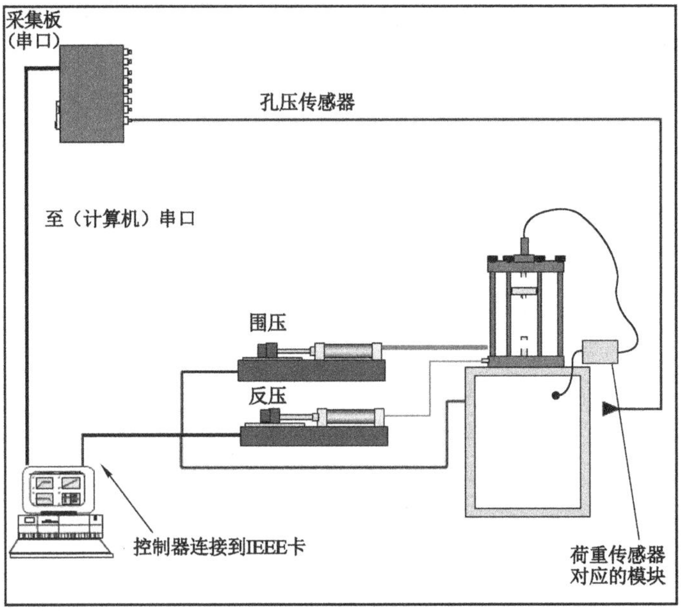

图 2-26　GDS 全自动三轴仪示意图

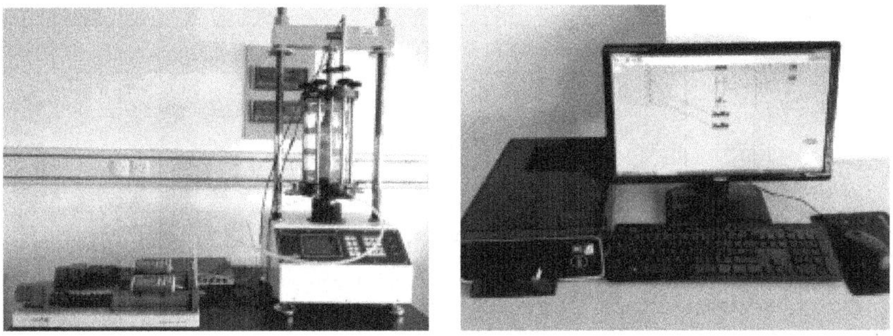

(a)　　　　(b)

图 2-27　GDS 三轴试验系统

同的试验，就必须选择不同的试验计算模块。每种试验（饱和试验、固结试验或三轴试验等）对应不同的计算模块。本书使用饱和固结模块、K_0 固结模块、先进加载模块以及应力路径模块，计算机对采集到的数据进行处理后按指定的加载方式协调围压控制器、反压控制器和轴向位移控制器之间的关系，实现预定的试验目标。试验中除直接通过仪器测得的数据外还有一些计算指标。系统对采集到的数据按以下计算模式进行数据处理。反压控制器的体积读数为试样中孔隙水的体积变化量，对于饱和土，则为试样的体积变化量 ΔV，其计算公式如下：

当前面积：

$$A = V/h$$

当前体积：

$$V = V_0 + \Delta V$$

轴向应变：

$$\varepsilon_a = (\Delta h/h_0)\times 100\%$$

径向应变：

$$\varepsilon_r = (-d + d_0)/ d_0 \times 100\% \text{（以收缩为正）}$$

轴向应力：

$$\sigma_a = F/A + \sigma_r$$

式中，d_0 为初始直径；h_0 为初始高度；d 为当前直径；h 为当前高度。

② 技术参数

GDSLAB 三轴试验系统的主要技术参数见表 2-11。

表 2-11　GDSLAB 三轴试验系统的主要技术参数

序号	项目	参数
1	最大轴向荷载/kN	50
2	压力测量精度	0.15%
3	压力测量分辨率/kPa	1
4	三轴压力室最大压力/MPa	3.4
5	应变传感器量程/mm	±25
6	应变传感器精度	0.25%
7	体积测量分辨率/mm^3	1
8	孔压传感器量程/MPa	8
9	孔压传感器精度	0.15%
10	标准反压控制器量程/MPa	3
11	标准反压控制器精度	0.1%
12	标准体积控制器量程/cm^3	200
13	标准体积控制器精度	0.25%
14	试样规格/mm	ϕ39.1/50/61.8
15	应变控制速率范围/(mm/s)	0.000 01～10

第 3 章 固结特性试验研究

3.1 一维固结特性

土体在压力作用下体积缩小的特性被称为压缩性。土颗粒和土中水的压缩量通常情况下是非常微小的，可以忽略不计，因此土体的压缩即土中水和气所占体积缩小，微观结构方面，则对应土颗粒位置调整，重新排列，逐渐挤紧，土体孔隙减少。对于饱和土，土中孔隙体积的缩小等价于土中水所占体积的缩小。饱和土压缩的全过程又称为土的固结。

很多学者已经认识到结构性对原状土体压缩特性的影响，并认为这一影响可能不亚于应力历史或初始孔隙比等对其的影响程度。大量研究表明：具有结构性的土的固结特性不同于重塑土或非结构性土，其一维固结曲线具有明显的转折点，这一转折点即结构屈服应力。然而到目前为止，结构性土的固结特性的研究多针对沿海地区软黏土，还有一些针对淤泥质土，而对于力学性质较好且具有较强结构性的 Q3 黏土的研究还未见到相关报道。

本章拟对原状黏土和重塑黏土进行一维固结试验，以获得结构性黏土的压缩特性。分析对比原状土样和重塑土样固结曲线的差异，找出原状土样的结构屈服应力，探索结构性对土体压缩指标及应力历史的影响。

3.1.1 一维固结试验

3.1.1.1 试验方案

将饱和完成的原状和重塑环刀试样放到三联固结仪上进行一维固结试验。在固结容器内放好护环和透水石，然后将环刀试样装入护环，加放导环、透水石和加压帽，并将固结容器置于加压框架正中间，使加压帽与加压框架中心对准，避免产生偏心荷载，最后安装百分表获取试样的竖向位移。

固结过程按照《土工试验方法标准》(GB/T 50123—2019)对土样进行分级加载固结，即按照 25 kPa、50 kPa、100 kPa、200 kPa、400 kPa、800 kPa、1 600 kPa、3 200 kPa 的顺序进行加压，固结过程中每级荷载作用下固结稳定标准为竖向变形小于或等于 0.01 mm/h。固结过程中，用湿棉纱包裹试样周围以保湿，并定期向棉纱喷水保证棉纱和试样湿度。

3.1.1.2 试验结果

(1) 原状黏土的一维固结曲线

原状黏土的一维固结曲线如图 3-1 所示，可见图中曲线有明显拐点，在 $p=200$ kPa 之后，斜率发生了显著变化，前半段斜率较小，土样压缩性较弱，后半段压缩曲线斜率急剧增大，表征土样压缩性发生变化，与之前相比相对较大。

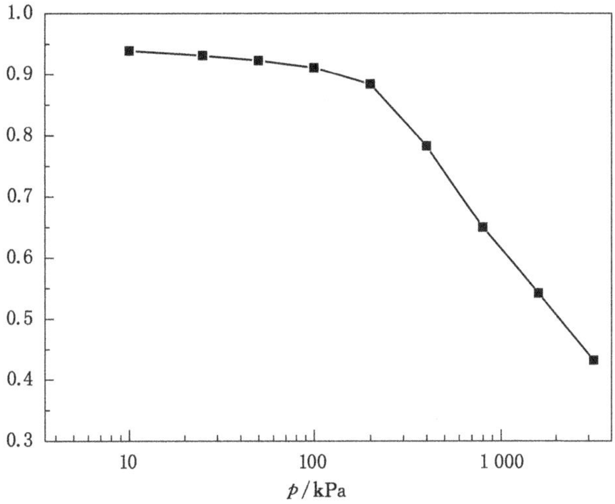

图 3-1　原状黏土 e-p 曲线

(2) 重塑黏土的一维固结曲线

重塑黏土的一维固结曲线如图 3-2 所示。由图 3-2 可知：随着固结压力的增大，土体孔隙比逐渐减小，土样逐渐压缩变形。整个压缩过程中曲线无明显拐点，压缩性较低，压缩指数无明显变化。

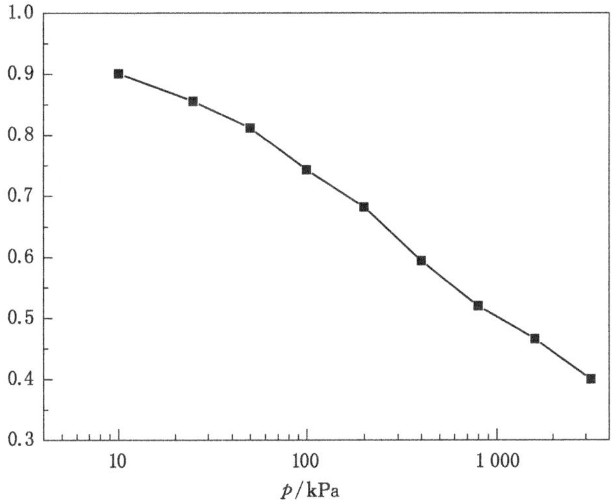

图 3-2　重塑黏土 e-p 曲线

根据试验结果计算了土体在一维固结过程中不同阶段的压缩指数，当竖向固结压力从 100 kPa 增大到 200 kPa 时，其压缩指数 $C_c = 0.21$，在 200 kPa 增大到 800 kPa 压力段，压缩指数略微增大，$C_c = 0.26$。随着固结压力的增大，土体内部结构应逐渐趋于密实，压缩性逐渐降低，但实际情况却略增大，这是因为在固结压力较小的情况下，重塑黏土的微观颗粒的排列和黏结也存在某种稳定性，也有人称之为重塑黏土的“次生结构性”，当压力大于某一阶段，这种稳定状态被打破，颗粒破碎，颗粒间的黏结断开并产生相对位移，造成压缩性增强。在压力从 800 kPa 增大到 3 200 kPa 阶段，压缩指数 $C_c = 0.19$，在上述前两个压力阶段，压缩指数均大于 0.2 且小于 0.4，属于中压缩性土，而在这个阶段，土体已经转变为低压缩性土。

3.1.2　分析总结

土的压缩性是计算土体沉降变形的基础，本章运用 GDG-4S 型三联高压固结仪对徐州地区原状黏土和重塑老黏土试样进行了一维固结试验研究，对比了原状黏土和重塑黏土固结特性的差异，主要结论如下：

(1) 原状黏土的 e-p 曲线有明显的拐点，这个拐点对应的固结压力是土体的结构屈服应力。结构屈服应力之前曲线下降平缓，土样结构性发挥了很好的承受压力、抵抗变形的作用，土体压缩性弱；结构屈服应力之后，曲线出现陡降段，压缩性急剧增强。在曲线位置上，重塑土压缩曲线位于原状土压缩曲线的下方，在结构屈服应力之后，二者逐渐接近。而超过结构屈服应力后，原状黏土的结构性是逐渐消失还是迅速消失，还有待进一步研究。

(2) 应力历史对土体的一维固结也具有重要影响。对于超固结土，其历史上曾经受到的最大固结压力大于现有上覆土重，且已固结稳定，若受到的压力小于前期固结压力，土体压缩性很弱。同时由于结构性的影响，一些历史上正常固结的天然沉积黏土，也具有大于 1 的超固结比，对于这种结构性黏土，应力历史无法对其压缩特性做出合理解释。

(3) 传统的固结理论分析多数是建立在重塑土试验的基础上，难以揭示天然沉积土由于结构性影响的固结行为，分析预测结果偏差较大。工程实践中，考虑土的结构性进行设计是十分必要的，获取土体结构屈服应力等结构性参数，注意有效应力与结构屈服应力的关系。

3.2　K_0 固结特性

天然土层中的土体在沉积过程中通常处于侧向不变形的 K_0 固结状态。通过对土样 K_0 固结过程中 K_0 值(即 K_0 固结完成后，其侧向、竖向有效应力之比)的研究，确定天然土层内的初始应力状态，为岩土工程设计与施工提供依据，这是早期 K_0 固结试验研究的主要目的。

随着岩土工程不断向大规模、复杂化发展，天然状态下土的力学特性逐渐受到重视。1973 年，Berre 和 Bjerrrum 提出：室内测定现场土的实际抗剪强度，需将试样重新固结到原有的 K_0 固结状态。此后，K_0 固结三轴试验逐渐成为天然土体力学特性研究的主要手段。

3.2.1　浅部土(徐州地区 20～50 m 深老黏土) K_0 固结试验

3.2.1.1　中低应力水平下 K_0 固结试验

(1) 试验方案

天然条件下沉积的黏土的固结方式为侧向无变形 K_0 固结，为了与实际情况保持一致，本试验先对制备好的原状黏土进行不同围压下的 K_0 固结，固结围压分别为 300 kPa、600 kPa、900 kPa，K_0 固结过程中采用反压体积控制试样侧向不变形的方式，为保证试验效果，围压的加载速率不宜过大，本试验取 10 kPa/h。K_0 固结完成的判定标准为竖向变形小于或等于 0.01 mm/h。

试样 K_0 固结结束后即对原状黏土进行不同应力路径的不排水三轴剪切试验。试验采取的应力路径如图 3-3 所示，*OA* 段代表试样的 K_0 固结试验，*AC* 代表常规三轴压缩（恒围压加轴压）试验路径，为方便论述，在下文中采用其英文缩写 CTC 表示；*AD* 代表等平均应力 p（p 恒定，q 增大）试验路径，下文中用 TC 表示；*AE* 代表减压三轴压缩（恒轴压减围压）试验路径，下文中用 RTC 表示。为方便不同应力路径的试验结果对比，各应力路径试验均采用相同的应力控制加载方式，试验过程中关闭排水阀。三轴试验方案见表 3-1。

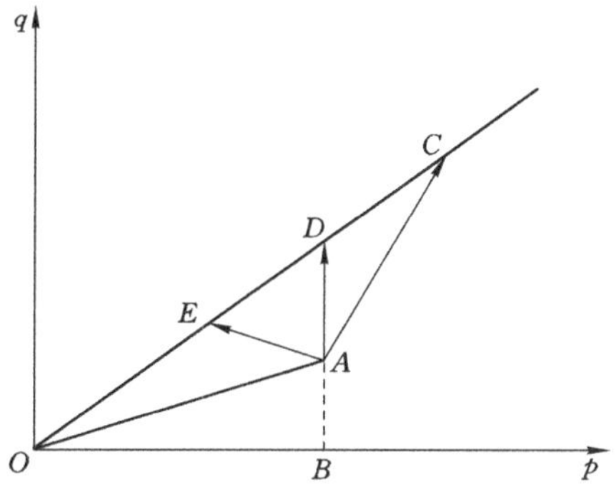

图 3-3 试验应力路径

表 3-1 三轴试验方案

研究对象		土样类别	其他因素
固结压力	300 kPa	原状	CTC,40 kPa/h
	600 kPa		
	900 kPa		
应力路径	CTC	原状	900 kPa,40 kPa/h
	TC		
	RTC		
	CTC		300 kPa,40 kPa/h
	RTC		
加载速率	40 kPa/h	原状	900 kPa,CTC
	80 kPa/h		

（2）试验结果

图 3-4 为原状黏土在 GDS 三轴仪上的 K_0 固结试验结果，试验选取仪器配置的 K_0 固结模块，选用反压体积控制来保证试样侧向不变形。试验过程中围压的加载速率十分低，为 10 kPa/h，因此在整个围压加载过程中孔隙水压力没有增长。一般认为黏土的 K_0 值为定值，然而从本书试验结果可看出：K_0 固结曲线若采用直线拟合（图中虚直线），则存在显著

误差，而将有效围压 σ_3' 和有效轴压 σ_1' 之间的关系通过指数函数拟合(图中实线)，则可以得到可靠的结果。马金荣(1998)指出重塑黏土在高压状态下其 K_0 值呈非线性增大，本书中原状黏土在低压状态下 K_0 值也呈非线性变化，这一现象证实了原状黏土的结构性，原状黏土在自下而上逐渐沉积的条件下形成具有某种特定方向性的颗粒排列和黏结方式，使得试样在 K_0 固结过程中受到内部结构性影响，其径向和轴向应力的发展不再遵循同样规律。将 K_0 值随平均主应力的变化规律绘于图 3-5 中，K_0 值与平均主应力的关系可用幂函数拟合，关系式($R^2=0.9763$)如下：

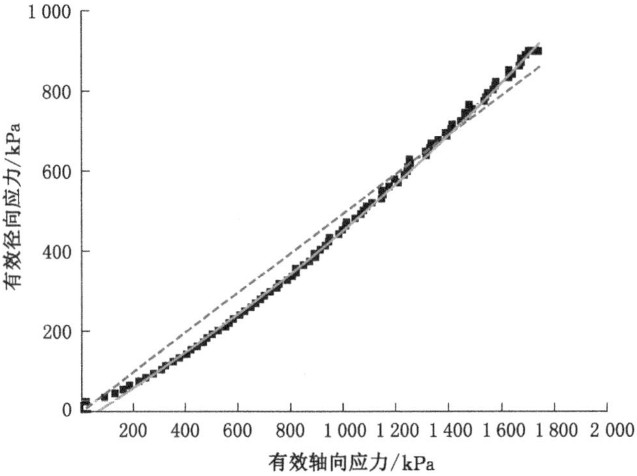

图 3-4　原状黏土 K_0 固结试验曲线

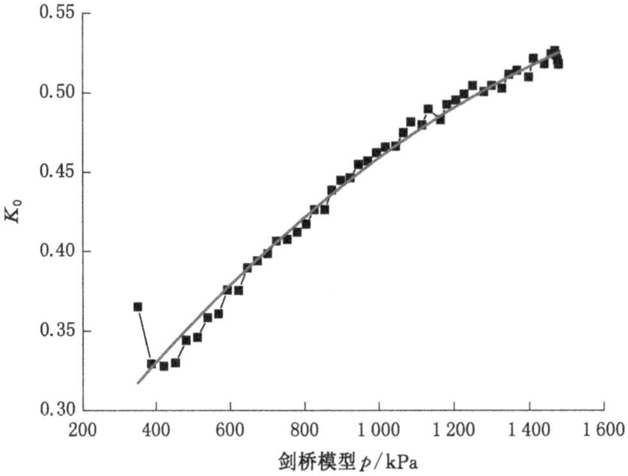

图 3-5　K_0 值与平均主应力关系曲线

$$K_0 = 0.038p^{0.36} \tag{3-1}$$

不同固结压力下的 K_0 值如图 3-6 所示，由图可见随着围压的增大，K_0 值有非线性增大的趋势，围压为 300 kPa 时 K_0 值较小，此时的固结压力小于原状黏土受到的结构屈服应力，试样的结构性保持完好，各向异性明显；当应力逐渐增大并超过先期固结压力时，试样的初始结构性遭到损伤，K_0 值逐渐增大。

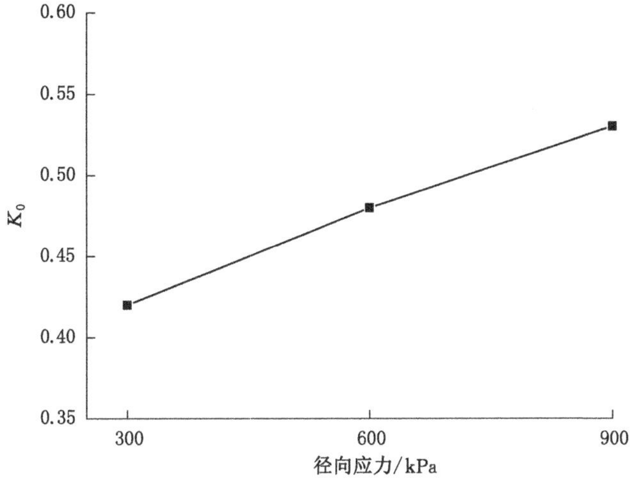

图 3-6　不同围压下原状黏土的 K_0 值

3.2.1.2　高应力水平下 K_0 固结试验

(1) 试验方案

试验所用黏土试样取自徐州近郊冲、洪积成因的 Q3 老黏土，对于高压 K_0 固结三轴不排水剪切试验，在马金荣研制的 SKA-1 型高压 K_0 固结仪上进行。该试验装置最大围压不低于 15 MPa，试样尺寸为 ϕ61.8 mm×150 mm，可以进行高应力下土的 K_0 固结、卸载、剪切试验。试验系统主要由刚性密封式 K_0 固结仪、MTS 加压系统、数据采集及测量系统组成。SKA-1 型高压 K_0 固结仪示意图如图 3-7 所示。

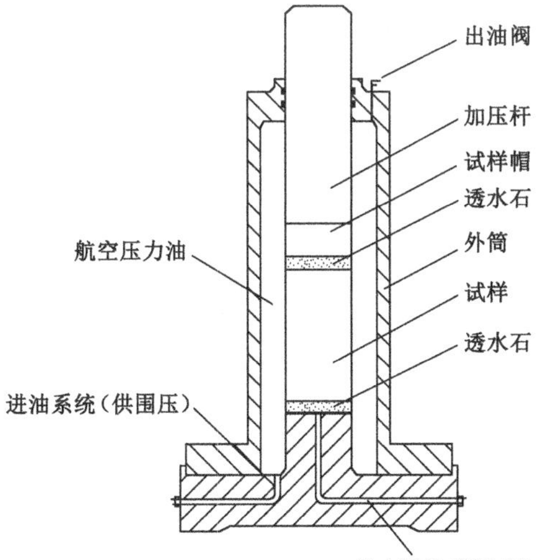

图 3-7　SKA-1 型高压 K_0 固结仪示意图

各向等高压固结不排水、高压 K_0 固结不排水三轴试验与常规三轴试验一样，主要测定土的强度及变形等指标。

(2) 试验结果

图 3-8 为高压 K_0 固结不排水剪切过程 K_0 随主应力 σ_1 和时间 t 的变化曲线。

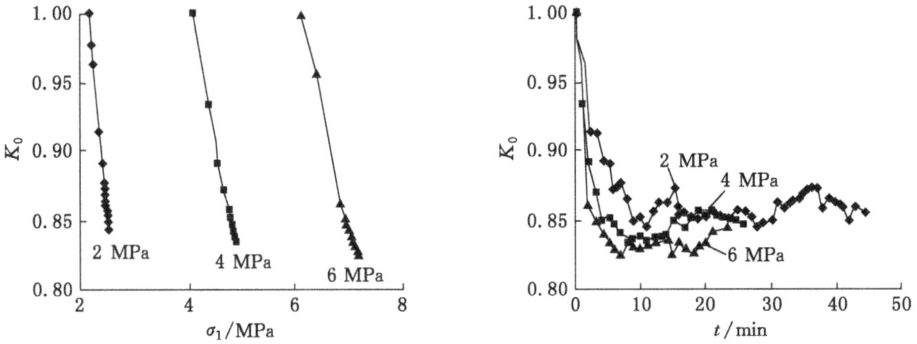

(a) K_0-σ_1关系曲线　　(b) K_0-t关系曲线

图 3-8　高压 K_0 固结不排水剪切过程 K_0 与主应力 σ_1 和时间 t 的关系曲线

由图 3-8 可知：K_0 值随轴向应力增大而急剧减小，围压越小，K_0 值的下降速率越大，当轴向应力不再增大时，K_0 值趋于稳定(0.80～0.85)，仅在很短时间内由刚开始时的固结数值降至该数值，差值为 0.15～0.20。

由图 3-9 可知：K_0 值随轴向应力增大而急剧减小，围压越小，K_0 值的下降速率以及幅度越大，各 K_0 稳定值随围压减小也减小。

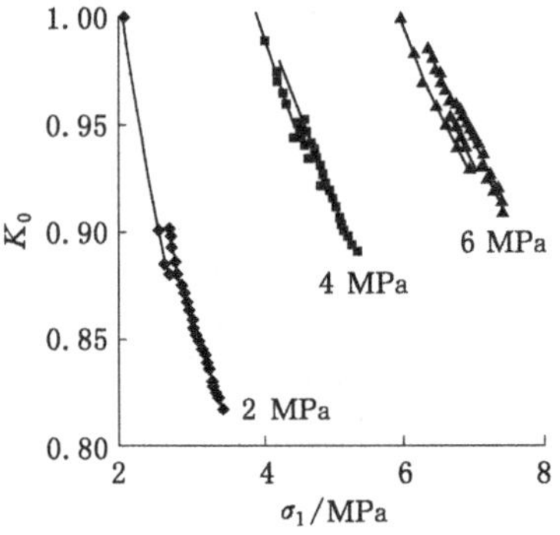

图 3-9　各向等高压固结不排水剪切过程 σ_0-K_0 关系曲线

3.2.2　深部土(山东巨野 500 m 深部土) K_0 固结试验

3.2.2.1　中低应力水平下 K_0 固结试验

(1) 试验方案

试样尺寸为：直径 61.8 mm，高度 40 mm。将带有环刀的试样装入框式饱和器进行饱和，饱和度要求达到 95%以上。将试样推出环刀，贴上滤纸条，套上橡皮膜并涂薄层硅脂，放入侧压仪容器(安装试样前打开进水阀，用调压筒抽出密闭受压室中的部分水，使橡皮膜凹进，试样推进容器后再将抽出的水压回受压室，使试样与橡皮膜紧密接触，关紧水阀）。放上透水板、护水圈、传压板。将容器置于加压框架正中间，施加 1 kPa 预压力。安装轴向位移计，并调至零位。打开接侧压力量测装置的阀门，调平电测仪表。记录受压室中水压力为 0 时的压力传感器读数。施加轴向压力，一般按 25 kPa、50 kPa、100 kPa、200 kPa、400 kPa…施加。施加每级轴向压力后，随时调平电测仪表，按 0.5 min、1 min、4 min、9 min、16 min、25 min、36 min、49 min…测记仪表读数和轴向变形，直至变形稳定。试样变形稳定标准为每小时变形不大于 0.01 mm，再施加下一级轴向压力。试验结束后关闭接侧压力装置阀门，卸去轴向压力，拆除护水圈、传压板及透水板等，取出试样称量，并测定其含水率。

以有效轴向压力为横坐标，有效侧向压力为纵坐标，绘制 σ_1'-σ_3' 关系曲线，其斜率为静止侧压力系数，即 $K_0 = \sigma_3'/\sigma_1'$。

内容安排如下：在 K_0 固结仪上装入制好的饱和深部黏土重塑土 K_0 固结试样，做逐级加载的静止侧压力系数 K_0 试验。

(2) 试验结果

对饱和重塑土样进行低压 K_0 固结试验，施加压力为 25 kPa、50 kPa、100 kPa、200 kPa、400 kPa，当超过 400 kPa 时固结仪的结果出现严重偏差，故只取 400 kPa 以下的结果。本次试验进行了 3 组，试验结果接近，比较可靠。试验完成后试样变形如图 3-10 所示。

图 3-10　固结试验后试样

以竖向有效应力为横坐标，侧向有效应力为纵坐标，绘制 σ_1'-σ_3' 关系曲线，如图 3-11 所示。由图 3-11 可以看出：低压时 σ_1' 与 σ_3' 呈线性关系，K_0 值偏小。K_0 结果见表 3-2。

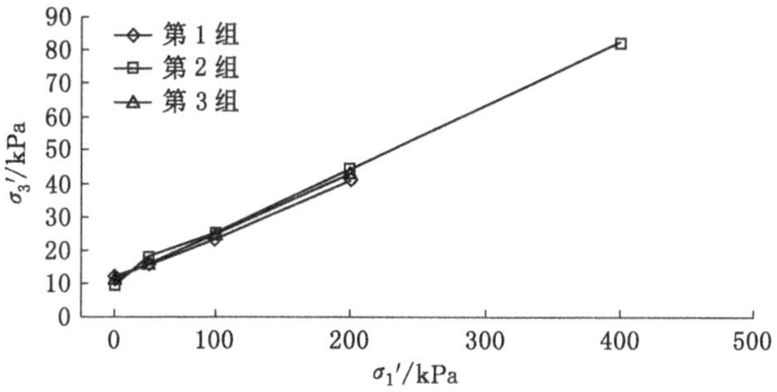

图 3-11　σ_1'-σ_3' 关系曲线

表 3-2　低压 K_0 固结试验结果

组号	25～50 kPa	50～100 kPa	100～200 kPa	200～400 kPa
1	0.16	0.16	0.17	—
2	0.32	0.14	0.19	0.19
3	0.18	0.18	0.18	—

将固结过程中的孔隙比变化进行整理，得到 e-p 关系曲线，如图 3-12 所示。

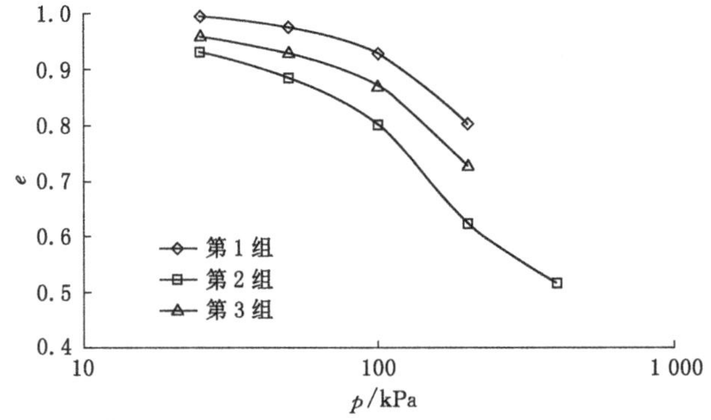

图 3-12　e-p 关系曲线

本次固结试验的 K_0 值偏小，结合 3 组试验的结果可认定此次试验的 K_0 值在 0.16～0.19 之间，比以往取得的 K_0 值(表 3-3)要小。

表 3-3　正常固结土的静止土压力系数 K_0

土性	黏土	硬黏土	松砂土、砾石土	密砂土、砾石土
K_0	0.6	0.5	0.6	0.4

3.2.2.2　高应力水平下 K_0 固结试验

(1) 试验方案

饱和土体或部分饱和土体，当其应力状态改变时，土逐渐被压缩(应力解除时为膨胀)，同时部分孔隙水(与气)从土体中排出，外加压力相应从孔隙水(与气)传递到土骨架上，直至变形稳定，土体的这个变形全过程称为固结。

早在 1959 年，汉密尔顿与克劳福首先提出了连续加载的恒应变速率压缩试验方法，简称 CRS 法，后来又得到了发展。该类试验大大缩短了试验时间。

孙钧认为土体的固结与流变具有统一性。固结和流变只是从不同角度来研究土体变形的时效性，二者在机理上有相似或可以类比之处。如果按照传统的理解，固结指外力作用后土体骨架中超孔隙水压力消散的过程，流变指土体在外力作用下变形随时间增长的现象，那么，在土的变形过程中，流变中包含了固结，流变变形值中包含了固结变形值，而且固结变形所占比例不同，应力水平较低时固结变形所占比例较大，而当应力水平较高时，土的变形主要是土颗粒的剪切位移引起的，此时固结变形是次要的。

由高压试验系统进行 K_0 固结试验的结果表明：加载过程中深部土的 K_0 的变化规律有

别于常压下的。随着轴向应力的增大(相当于随着深度的增大)，$K_0 = \Delta\sigma_3/\Delta\sigma_1$（已大于 0.8)，远大于常压下土的 K_0(通常小于 0.6)。加载初期(小于 1 MPa) K_0先由大变小再由小变大，超过 5 MPa 后 K_0有趋于常数的趋势。

在利用中国矿业大学 MTS 试验机加载系统和自行研制的 SKA-1 型高压 K_0固结仪上进行的黏土、砂土在高压条件下的 K_0固结试验研究中，就曾揭示过类似的规律，其部分试验结果的 K_0值接近 0.9。

(2) 试验结果

马金荣(1998)对制备的重塑土样进行高压 K_0固结试验，施加连续荷载至轴向压力分别为 7 MPa、10 MPa、13 MPa。本次试验进行了 12 组，得出 K_0随轴向压力变化结果，如图 3-13 所示；对试验数据进行统计整理得出本次试验典型的 K_0变化曲线，如图 3-14 所示。可以看出：除在试验开始时 K_0值由大变小，其变化趋势为随轴压的增大而增大，且当轴压低于5 MPa 时增长迅速，然后增速变缓且与轴压成一定比例增长，但增长幅度较小。本次试验的 K_0最大值为 0.91。本书对黏土 K_0固结过程中 K_0值与深度关系进行了统计，如图 3-15 所示，与本次试验典型的 K_0变化曲线相比，二者变化规律较一致。

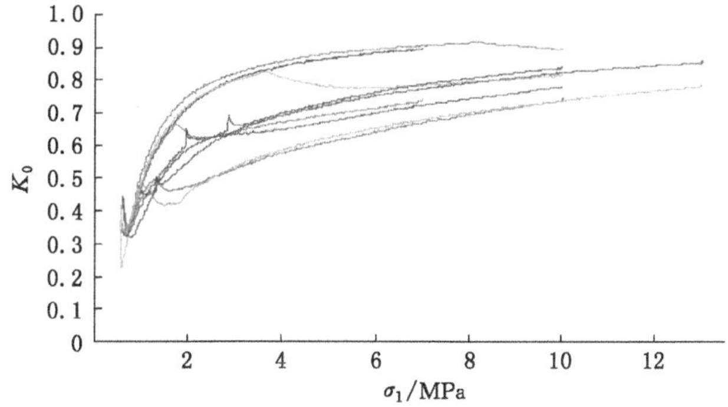

图 3-13　K_0随轴向压力变化结果图

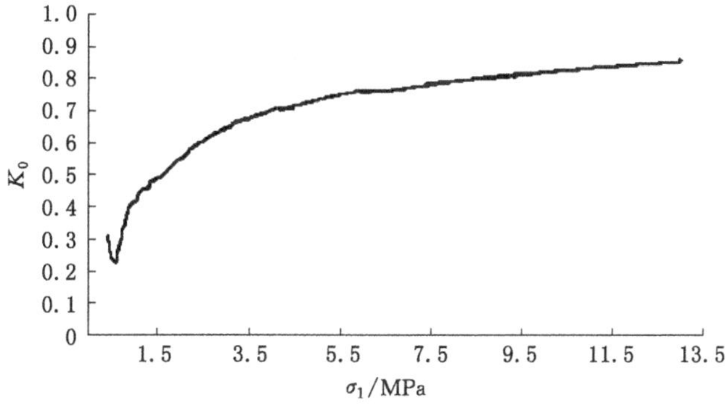

图 3-14　高应力水平下 K_0固结试验典型 K_0 曲线

图 3-16(a)为本次试验中典型的偏应力-轴向变形关系曲线，不同轴向固结应力水平的统计结果显示：偏应力-应变关系曲线上在轴向变形达到 10%左右时主应力差增长速率出现拐点。

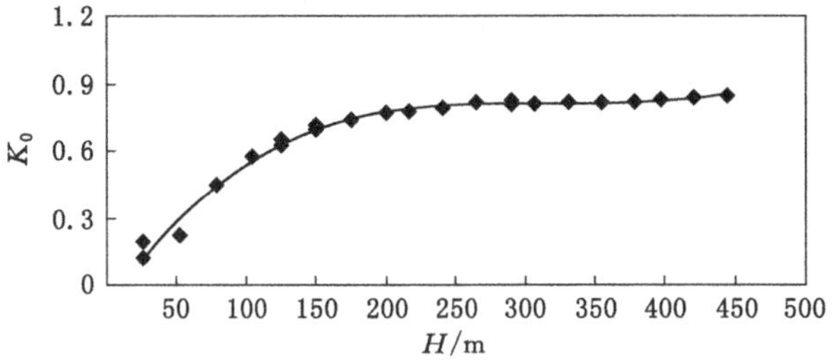

图 3-15　黏土 K_0 固结过程中 K_0 值与深度关系曲线[2]

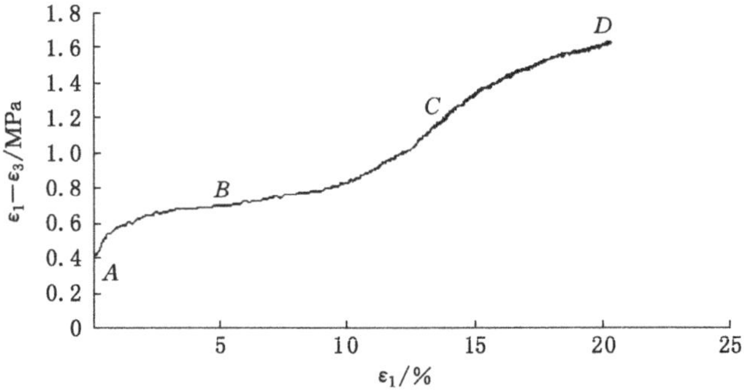

(a) 本书结果

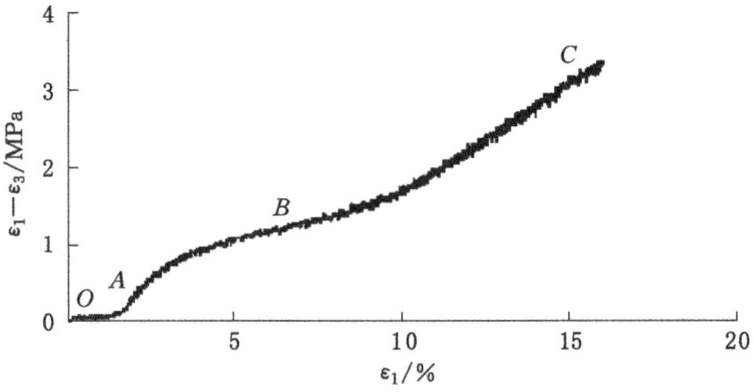

(b) 相关文献结果

图 3-16　高压 K_0 固结试验中典型应力-应变关系曲线

以偏应力增长速率发生明显变化的点 B 为分界点，相应的应力和变形分别记为 $(\sigma_1-\sigma_3)_B$ 和 ε_B，将土体固结过程分为三个阶段，如图 3-16(b)所示。① 第一阶段(OA)：轴向应变小于 ε_A，由于传力杆与土样还没有接触密实，所以应力增长缓慢，属于应力调整阶段，由于在试验开始时已经预加了少部分压力，本书中的曲线没有第一阶段。② 第二阶段(AB)：应力-应变关系曲线呈下凹形，应力增长速率逐渐降低，直到轴向变形达到 B 点为止，这个阶段土体以主固结为主，土体内的孔隙水和孔隙气逐渐被排出，超孔隙水压逐渐消散，应力增量逐渐转移到土骨架上而导致土体产生一定的压缩变形。③ 第三阶段(BC)：应力-应变关系曲线呈下凸形，偏应力增长速率逐渐增大，应力急剧增长，这个过程以次固结为主，随着固结时间增加，次固结逐渐完成，有效应力不再变化，但是土骨架仍随时间继续变形，在 BC 过程中存在一个明显的拐点，土体在此刻开始超静孔隙水压力完全消散，固结变形完成，土体后续变形都为蠕变变形。应变硬化特征比 AB 阶段更明显，类似软土流变中的加速蠕变曲线。BC 阶段后本书中结果出现 CD 阶段，偏应力增长速率开始降低。

若把 B 点作为应力屈服点，当应力小于此屈服应力时，土体表现为黏弹性体，大于此屈服应力时土体表现为黏塑性体，并出现硬化现象，而且曲线 BC 段土体的屈服应力比较大，土体的固结蠕变变形主要是黏弹性变形，而土体的黏塑性变形还没有表现出来。

对固结试验结果进行分析，施加轴压进行 K_0 固结时，偏应力的增长分阶段，同样也反映在 K_0 值的变化上，发现 K_0 值不会一直增长而是随轴向压力的增长趋于稳定。相对于等向固结来说，K_0 固结是一个各向异性的固结过程。固结过程中土体所受竖向应力和横向应力不相等，随着固结压力的增大，K_0 值的升高会对土体的各向异性压缩作用减弱。

(3) 分析总结

为了研究深部黏土的 K_0 固结特性，本章分析了深部土的物理性质和随深度变化的特点，进行了低压下的静止侧压力系数试验和三轴试样连续加载高压 K_0 固结试验，主要分析了 K_0 固结过程中 K_0 值变化规律，应力-应变关系，得出典型的描述曲线，得到如下初步结论：

① 深部黏土具有低孔隙比、低含水率和高塑性以及高密实性，是一种高压固结硬黏土。深部黏土的含水率、密度与取土深度相关，随着取土样的深度增加，有含水率减小和密度增大的趋势。

② 低压 K_0 固结试验得到的 K_0 值在 0.16～0.19 之间，比一般估算的 K_0 值要小，但是与高压 K_0 固结初期的 K_0 值特征相似。

③ 估算浅土 K_0 值的方法不适用于深部土体，加载过程中深部土体的 K_0 变化规律有别于常压下的 K_0，随着轴向应力的增大(相当于随着深度的增加)，K_0(已大于 0.8)远大于常压下土的 K_0(通常小于 0.6)。

④ 进行 K_0 固结时，偏应力的增长分阶段，K_0 值的变化也分阶段，K_0 值随轴向压力的增大趋于稳定。随着固结压力的增大，K_0 值的升高对土体的压缩作用减弱。

3.3　固结特性分析

3.3.1　应力历史对一维固结影响的评价

由图 3-17 可知：由原状黏土的 e-p 关系曲线的最大曲率点难以断定或根据图形断定将存在较大误差，而且在固结屈服应力之后的直线段特征并不明显，Hong 和 Onitsuk(1998)指出大部分天然沉积黏土的压缩曲线均具有此特征。因此，常用的先期固结压力确定方法卡萨格兰德经验作图法存在较大误差。为对比应力历史对土体固结特性的影响，本书对不同固结状态的原状黏土和重塑黏土进行了高压固结试验，得到了具有代表性的典型的 4 组不同超固结比原状黏土和 2 组重塑黏土的高压固结曲线，如图 3-17 所示，并将 4 组原状黏土的相关物理力学参数统计于表 3-4。

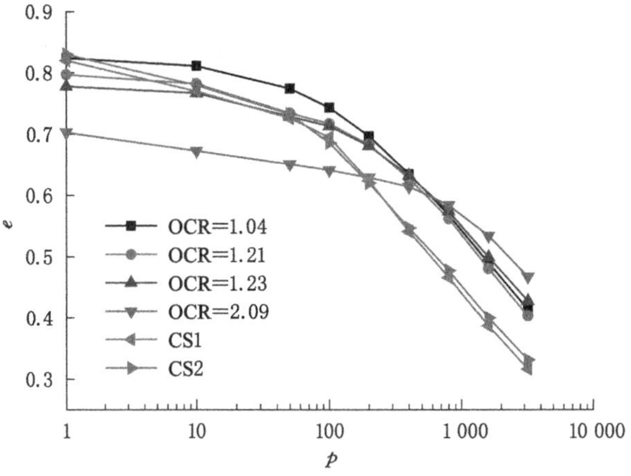

图 3-17　不同应力历史土样一维固结曲线

表 3-4　高压固结指标

组别	试样类型	超固结比	先期固结压力/kPa	压缩指数	压缩模量/MPa
1	原状	1.04	171	0.252	3.97
2	原状	1.21	377	0.239	8.95
3	原状	1.23	237	0.269	4.56
4	原状	2.09	659	0.169	13.79

对于超固结黏土，其历史上曾经受到的最大固结压力大于当前现有上覆土重，后由于流水或冰川等剥蚀作用上覆压力逐渐减小至当前水平，这一类土体已在相当大的前期固结压力作用下固结稳定，若受到的压力小于前期固结压力（$p<p_c$），土体压缩性很小；超过前期固结压力（$p>p_c$），压缩性显著增大。然而研究发现：对于一些历史上正常固结的天然沉积黏土，也具有大于1的超固结比，这种现象是黏土的结构性造成的，这种情况下获得的超固结比与常规定义由应力历史引起的超固结比有着本质区别。对于这种结构性黏土，应力历史无法对其压缩特性做出合理解释，必须用结构性理论加以理解。且试验数据显示，结构性黏土的结构屈服应力并不等于先期固结压力，而是比先期固结压力大，等于先期固结压力和由结构性产生的结构强度之和，结构强度与长期天然沉积过程中颗粒黏结处产生的胶结作用有关。

3.3.2　结构屈服应力

对比原状黏土和重塑黏土的固结曲线（图 3-18），首先是曲线形态不同，原状黏土的 e-p 关系曲线有明显的拐点，拐点之前曲线下降平缓，土体压缩性小，拐点之后曲线出现陡降段，压缩性急剧增强，这个拐点对应的固结压力是土体的结构屈服应力。此点为土体保持其结构性的极限，超过这个应力，土体结构性将遭到破坏。在曲线位置上，重塑黏土压缩曲线位于原状黏土压缩曲线的下方，在结构屈服应力之后，二者逐渐接近。大部分学者认为：当固结压力超过结构屈服应力时，原状黏土的结构性逐渐减弱，压缩曲线最终与重塑黏土压缩曲线重合。洪振舜(2004)通过研究发现结构屈服后原状黏土的不排水强度性状与重塑黏土一样不再受到结构性影响，认为当施加的应力大于结构屈服应力时，土的结构性影响会迅速完全消失。图中现象产生的原因是在结构屈服压力前，原状土的压缩性远小于重塑土样的，因此当固结压力达到结构屈服应力时，原状土样的孔隙比远高于重塑土的，同样的固结压力下原状土样的曲线位于重塑土样的上方。结构屈服后没有结构性的影响，此时具有高孔隙比的原状土样自然比具有低孔隙比的重塑土样的压缩性高，曲线趋于重合。

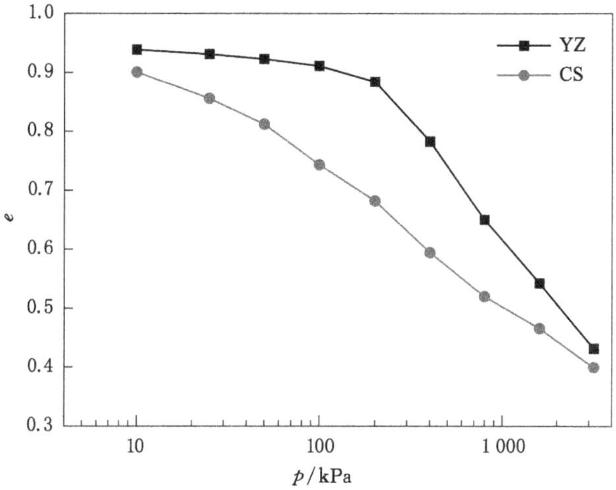

图 3-18　原状土样与重塑土样压缩曲线

3.3.3　结构性对土体压缩指标的影响

通过对比原状土样和重塑土样的压缩固结曲线，发现原状土样的压缩曲线为陡降型曲线，在结构屈服应力之前，土样变形较小，固结压力大于结构屈服应力之后，土样变形急剧增大，出现陡降段。这是由于固结压力较小时土样结构性发挥了很好的承受压力和抵抗变形的作用。随着固结压力的增大，土体结构性逐渐遭到破坏，结构性减弱，其对土体力学特性的影响逐渐减小，导致原状土样的压缩曲线逐渐接近重塑土样的压缩曲线。另外，有研究预测，随着固结压力增大到一定程度，具有不同结构性的原状土样的压缩曲线也将趋于重合，初始结构性的差异影响将几乎消失。

3.3.4　K_0 固结试验

对比原状土样和重塑土样的 K_0 固结试验结果(图 3-19)发现原状土样和重塑土样的 K_0 值存在不同的规律：原状土样 K_0 固结过程中有效围压 σ_3' 和有效轴压 σ_1' 之间的关系为指数函数关系，当围压从 300 kPa 增大到 900 kPa 时，K_0 值相应从 0.42 变化到 0.53；重塑土样的 K_0 值为一定值，有效围压 σ_3' 和有效轴压 σ_1' 之间为线性关系，$K_0=0.558$，然而固结后期当有效围压大于 800 kPa 时，试验数据偏离拟合直线，说明高压下重塑土样的 K_0 值不再是一个定值。

原状土样的 K_0 值在围压低于 300 kPa 时较小，仅为 0.42，随着围压增大逐渐增大，这是由于原状土样在天然沉积条件下形成的结构性造成的，结构性造成原状土各向异性，从而出现较小的 K_0 值。这个围压下土体的应力状态未达到先期固结压力水平，土体原始结构

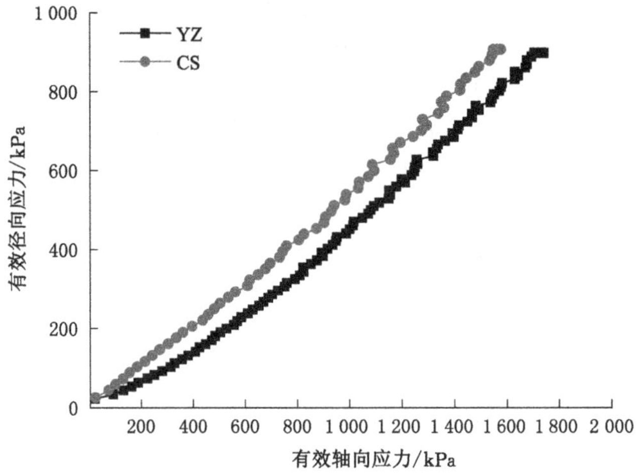

图 3-19 原状土样与重塑土样 K_0 固结试验对比

性保存完好，各向异性特征明显，可以解释相同的固结围压条件下重塑土样的 K_0 值大于原状土样的。

第 4 章　剪切特性试验研究

4.1　直剪试验

4.1.1　高压直剪特性

该试验在 DRS-1 型超高压直残剪试验系统上完成。图 4-1 为试验中较为典型的剪切应变-剪切应力关系曲线。

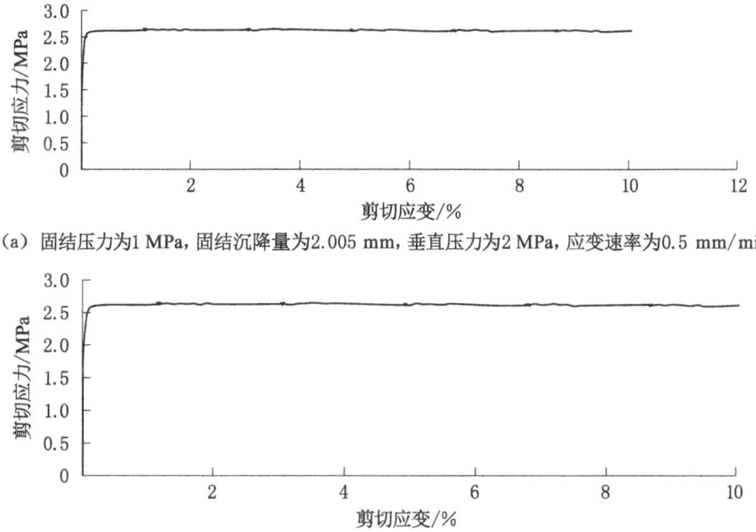

(a) 固结压力为1 MPa，固结沉降量为2.005 mm，垂直压力为2 MPa，应变速率为0.5 mm/min

(b) 固结压力为1 MPa，固结沉降量为2.317 mm，垂直压力为4 MPa，应变速率为0.5 mm/min

图 4-1　高压直剪应力-应变关系曲线

由图 4-1 可以看出：在较高的法向应力下，应力-应变关系曲线不存在峰值应力，应力随着应变的增大逐渐趋于稳定，土表现出应变硬化特征，其应力-应变关系曲线符合双曲线模型。随着法向应力的增大，破坏时剪切应变增大。其抗剪强度包络线呈非线性。

与卸载剪切相比，卸载剪切过程中，应力有峰值，且剪切应变一般不超过 4%，而在高压直剪试验中，剪切应变达到 10%都不会出现峰值。

4.1.2 低压直剪特性

该试验在 ZJ 型应变控制式直剪仪(四联剪)上进行,图 4-2 为试验中较为典型的剪切位移-应力关系曲线。本书直剪试验均采用快剪试验,将制备好的重塑土放置在环刀中,用击样法击实,放入固结仪中固结 30 min,然后取出土样,施加 100 kPa、200 kPa、300 kPa、400 kPa 法向应力,剪切速率为 0.8 mm/min。开展试验时,将重塑黏土组装至直剪仪,并在适当位置处安装竖向千分表和横向量力环。

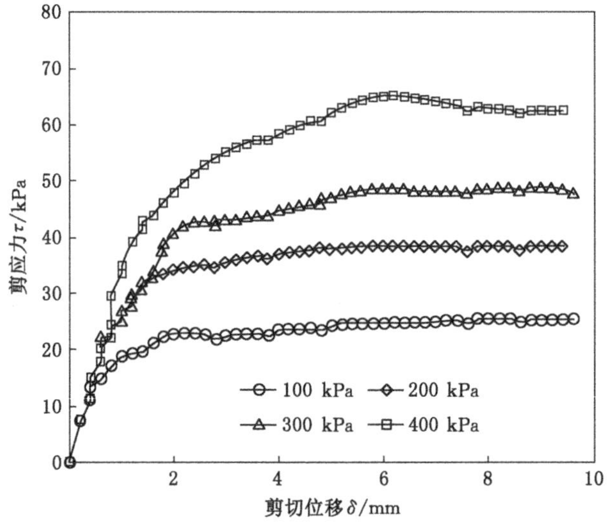

图 4-2 低压直剪位移-应力关系曲线

低压直剪试验法向应变 ε 与剪切位移 δ 的关系曲线(ε 以压缩为正,膨胀为负)呈现典型峰面,其余法向应力下的 ε-δ 关系曲线与之类似。各曲线的变化趋势仍可分为 3 个阶段:较快增长阶段、缓慢增长阶段和稳定阶段。各法向应力 σ 作用下土样体积均减小,表现为剪缩,且剪缩量在剪切前期增长较快,但是随着剪切的持续进行,剪缩量逐渐趋于稳定,最后随着剪切位移继续增大,土体体积基本不再变化。

4.2 三轴试验

4.2.1 浅部土(徐州地区深度为 20～50 m 老黏土)K_0固结试验

4.2.1.1 中低应力水平下三轴剪切试验

由于原状土样和重塑土样的性质差异较大,所以中低应力水平下的三轴剪切试验应当从原状土样和重塑土样两个角度去研究试验,以下为研究结果及分析。

(1) 原状土样三轴试验

图 4-3 为原状黏土在 GDS 三轴仪上的 K_0 固结试验结果,试验选取仪器配置的 K_0 固结模块,选用反压体积控制来保证试样的侧向不变形。试验过程中围压加载十分缓慢,速率为 10 kPa/h,因此在整个围压加载过程中孔隙水压力没有增长。一般认为黏土的 K_0 值为定

值，然而从本书试验结果可以看出 K_0 固结曲线若采用直线拟合（图中虚直线），则存在极为显著的误差，而将有效围压 σ_3' 和有效轴压 σ_1' 之间的关系通过指数函数拟合（图中实线），则可以得到可靠的结果。将 K_0 值随平均主应力的变化规律绘于图 4-4 中，K_0 值随平均主应力的变化可用幂函数拟合，关系式（$R^2=0.9763$）如下：

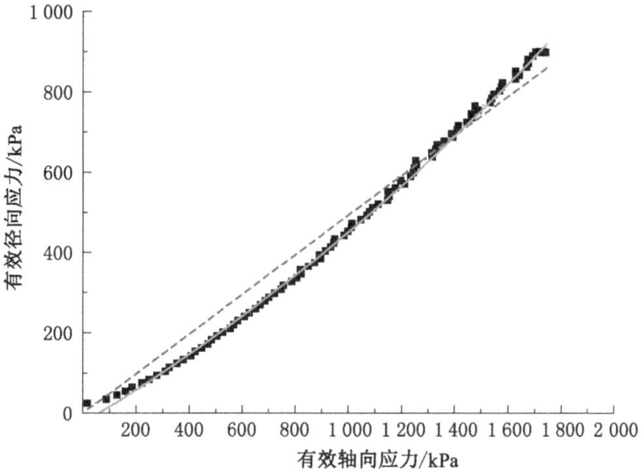

图 4-3　原状土样 K_0 固结试验曲线

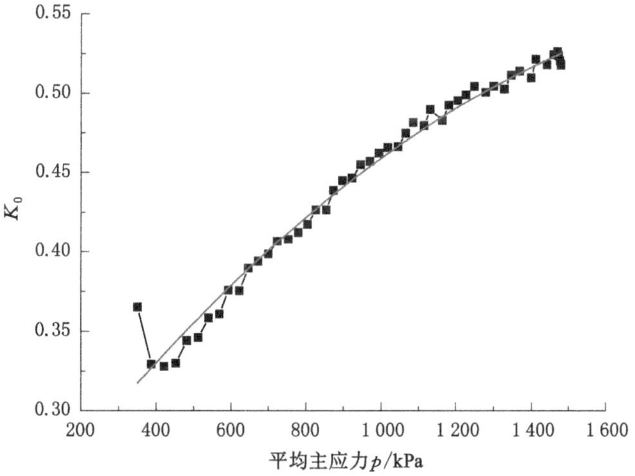

图 4-4　K_0 值与平均主应力关系曲线

$$K_0 = 0.038p^{0.36}$$

不同固结压力下的 K_0 值如图 4-5 所示，由图可见随着围压的增大，K_0 值有非线性增大的趋势。围压为 300 kPa 时 K_0 值较小，此时的固结压力小于原状土样受到的结构屈服应力，试样的结构性保持完好，各向异性特征明显；当应力逐渐增大并超过先期固结压力时，试样的初始结构性遭到损伤，K_0 值逐渐增大。

（2）重塑土样三轴试验

图 4-6 为重塑土样的 K_0 固结试验结果，固结的模块选取、加载方式、加载速率等试验条

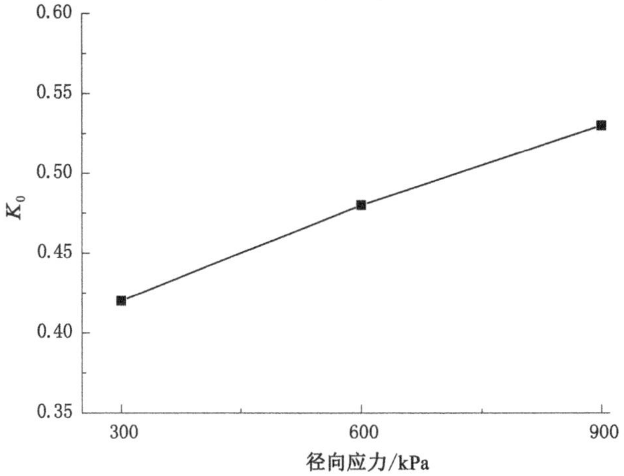

图 4-5　不同围压下原状土样 K_0 值

件均与原状土样固结试验相同,在整个围压加载过程中,孔隙水压力没有增长。由图 4-6 可知:重塑土样的 K_0 值为一定值,将有效围压 σ_3' 和有效轴压 σ_1' 之间的关系采用直线拟合的结果为 $\sigma_3' = 0.558\sigma_1'(R^2 = 0.998\ 7)$,即重塑土样的 $K_0 = 0.558$。同时观察到:直线拟合在有效应力较小的部分效果很好,有效围压较大(>800 kPa)时试验数据偏离拟合直线,说明高压下重塑土样的 K_0 值不再是一个定值。马金荣(1998)指出,黏土的 K_0 值随着深度的增加呈现非线性增大,并给出了 K_0 值随深度变化的对数函数拟合关系。

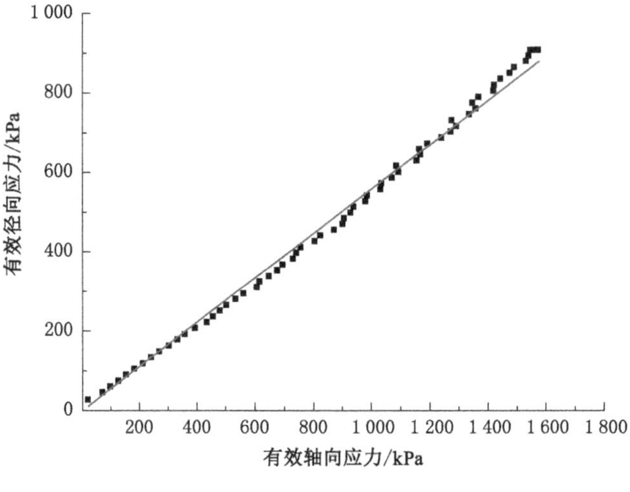

图 4-6　重塑土样 K_0 固结试验曲线

4.2.1.2　高应力水平下三轴剪切试验

由于高应力水平下的原状土样再固结后进行三轴剪切试验,其应变较小,因此本节仅从重塑土角度进行研究分析。高压三轴剪切试验采用等压固结三轴剪切(围压分别为 2 MPa、4 MPa、6 MPa)与不固结不排水剪切(围压分别为 2 MPa、4 MPa、6 MPa)两种应力路径。

(1) 等压固结三轴剪切

图 4-7 为等压固结三轴剪切的应力 σ_1-K_0 关系曲线，可以看出 K_0 值逐渐减小。图 4-8 为等压固结三轴剪切的应力-应变关系，偏应力增大，轴向应变增大，没有明显的峰值应力。考虑到不同围压的影响，图 4-9 为不同围压下三轴剪切的应力 σ_1-K_0 关系曲线，发现围压对 K_0 值影响不大。

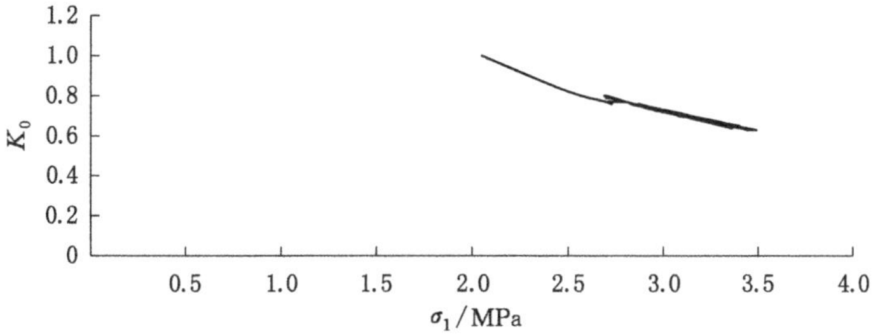

图 4-7　等压固结三轴剪切 σ_1-K_0 关系曲线

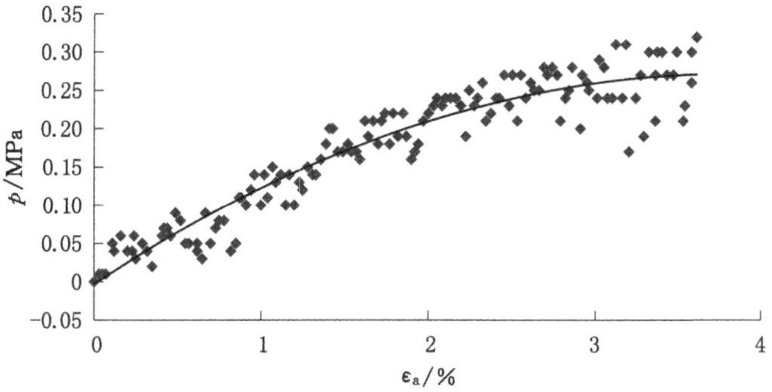

图 4-8　等压固结三轴剪切应力-应变关系曲线

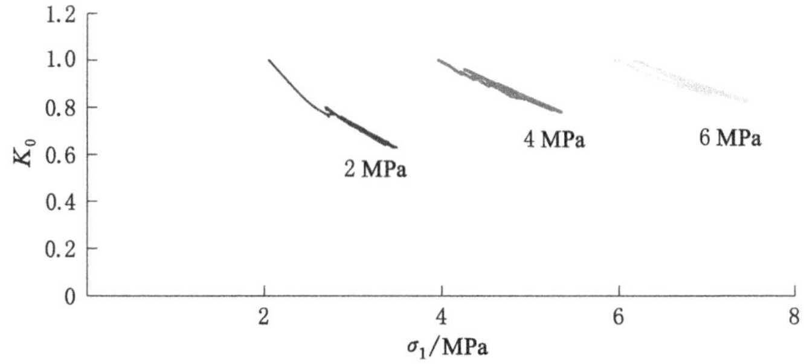

图 4-9　不同围压下三轴剪切 σ_1-K_0 关系曲线

(2) 不固结不排水剪切

图 4-10 为试验中较为典型的应变-应力关系曲线，可以看出：应力-应变关系曲线不存在峰值应力，应力随应变增大逐渐趋于稳定；土表现为应变硬化。剪切呈现剪缩变形，结构变得紧密。剪切过程中的应力-应变关系与低压下常规三轴剪切具有相同的本构模型。剪切时 K_0 值迅速减小，基本上当平均主应力不再改变时便趋于稳定。

与卸载三轴剪切相比，高压三轴剪切不会出现主应力异向现象，体变与轴向变形的比值

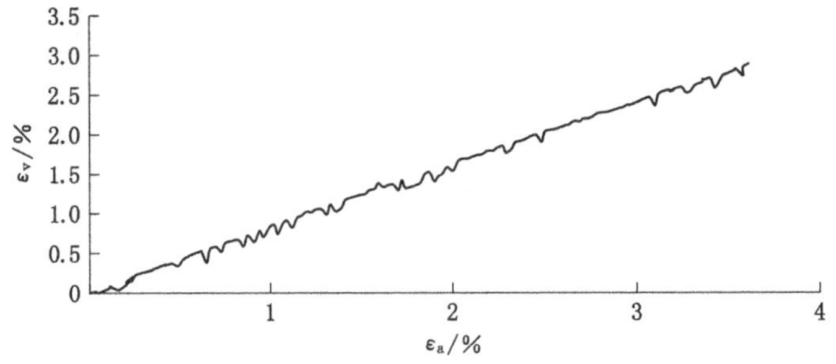

图 4-10　高压三轴剪切应变-体应变关系曲线

也比卸载的高一些。

4.2.2　深部土(山东巨野 500 m 深部土)高应力水平下三轴剪切试验

4.2.2.1　中低应力水平下三轴剪切试验

为研究深部黏土随固结压力变化,对不排水剪切强度的影响和与高压固结剪切试验的结果进行对比,在中低压三轴仪上做饱和深部重塑黏土等向固结压缩剪切试验。内容安排如下:做应变速率为 0.056 mm/min,等向固结压力分别为 50 kPa、100 kPa、200 kPa、300 kPa、400 kPa、800 kPa、1 200 kPa、1 600 kPa 的三轴等向固结不排水剪切试验和围压为 100 kPa 的超固结不排水剪切试验。固结过程采用顶部排水,底部量测孔压。

低压试验工作分为两个部分:第一部分为正常固结土的三轴压缩试验;第二部分为超固结土的排水剪切常规三轴压缩试验。本书试验工作以《土工试验方法标准》(GB/T 50123—2019)作为试验标准,所有中低压三轴压缩试验均采用 TSZ-2 型全自动三轴仪完成。

(1) 试样安装和固结

① 开孔隙压力阀,利用反压调压筒对压力室底座充水排气,并关阀。将煮沸过的透水板滑入压力室底座上。然后放上湿滤纸和试样,试样上端也放一湿滤纸和透水板。将橡皮膜套在承膜筒内,两端翻出筒外,从吸气孔吸气,使膜贴紧承膜筒内壁,然后套在试样外,放气,翻起橡皮膜的两端,取出承膜筒。用橡皮圈将橡皮膜扎紧在压力室底座上。用软刷子自下向上轻轻按抚试样,以排除试样与橡皮膜之间的气泡。用反压调压筒向试样帽注水,使水从试样帽徐徐流出以排除管路中气泡,并将试样帽置于试样顶端。排除顶端气泡,将橡皮膜扎紧在试样帽上。装上压力室罩。安装时应先将活塞提升,以防碰撞试样,压力室罩安放后,将活塞对准试样帽中心,并均匀地旋紧螺丝。开排气孔,向压力室充水,当压力室内快注满水时,降低进水速度,水从排气孔溢出时关闭排气孔。

② 设定所需围压值,通过 TWJ 程序控制围压调压筒对压力室施加所需的周围压力。对试样施加反压力。完成后,关体变管阀,增大周围压力,使周围压力与反压力之差等于原来选定的周围压力,记录稳定后的孔隙压力读数和体变管水面读数作为固结前的起始读数。反压力是指对非饱和土试样施加的孔隙水压力,使试样达到完全饱和或所希望的饱和度。对试样施加的反压力产生两种作用:其一是按波义耳(Boyle)定律,试样内的气体体积随压力增大而减小;其二是按亨利(Henry)溶解定律,使一部分气体溶于孔隙水。这两种作用可

通过施加反压力使试样达到完全饱和。三轴试验中，为了使试样的饱和度和孔隙水压力模拟现场条件，施加反压力使试样饱和是最有效的方法。围压稳定后，测记稳定后的孔隙压力读数，减去孔隙压力计起始读数，即周围压力下试样的初始孔隙压力 u。开排水管阀开始固结，测记排水管水面及孔隙压力计读数。在整个试验过程中，排水管水面应置于试样中心高度处。固结度至少应达到 95%。固结完成后，关排水阀，记下排水管和孔隙压力计读数。上述试验过程可以选择自动模式和手动模式对三轴仪进行控制，两种模式控制下的三轴仪都可以自动采集数据。

(2) 轴向应变速率的确定

三轴试验的轴向应变速率应根据试样排水条件和孔隙压力的传输时间确定。施加轴向压力过程中不允许试样排水或不测孔隙压力时(UU 试验，CU 试验)按每分钟 1%～2% 的轴向应变速率进行试验，可以使试样在 20 min 时间内完成剪切过程。若在施加轴向力过程中不允许试样排水，需要测定孔隙水压力，则轴向应变速率要很低，其目的是使试样剪切区的孔隙压力有充分的时间达到均匀分布并传输到试样的端部。为了缩短孔隙压力的传输时间或加速排水，通常采取的措施是在试样周围贴滤纸条(图 4-11)。

图 4-11　试样固结

选择轴向应变速率应根据试样的排水条件和渗透性。首先要估算试样达到破坏所需时间 t_f，再按破坏应变 ε_f 及式(4-1)确定轴向应变速率 $\dot{\varepsilon}$。

$$\dot{\varepsilon} = \frac{\varepsilon_f}{t_f} \tag{4-1}$$

土的性质不同，围压不同，其破坏应变也不相同。各种土的试验经验表明：试样的轴向应变达到 15%～20%时，试样均达到破坏或接近破坏。

对于 CU 试验，在不排水条件下，孔隙压力达到平衡所需历时 t_f，Blight 曾建议用式(4-2)进行估算。

$$t_f = \frac{0.4H^2}{c_v} \tag{4-2}$$

式中，c_v 按式(4-3)计算。

$$c_v = \frac{\pi D^2}{\lambda t_{100}} \tag{4-3}$$

代入式(4-2)得：

$$t_f = \frac{0.4H^2}{\pi D^2}\lambda t_{100} = 0.127r^2\lambda t_{100} \tag{4-4}$$

如果一个三轴试样的排水条件、高径比 r 已知，并通过固结试验求得 t_{100}，就可以预估试验达到破坏或孔隙压力达到平衡所需时间 t_f。将 t_f 代入式(4-1)就可以得出应采用的轴向应变速率 $\dot{\varepsilon}$。

本试验中，高径比 r 约为 2，采用一端排水，λ 取 1。根据上述理论并结合《土工试验方法标准》(GB/T 50123—2019)，剪切速率选为 0.056 mm/min。

(3) 三轴试验破坏取值标准

① 常用的两种取值标准

在三轴压缩试验中直接测定的是试样在常围压下的抗压强度，然后根据莫尔-库仑准则确定土的强度参数。而试样抗压强度的选择取决于所采用的取值标准。不同的取值标准有时会得出不同的抗压强度，因而也就会有不同的强度参数。目前国内外广泛采用的取值标准有最大主应力差 $(\sigma_1 - \sigma_3)_{max}$ 标准（当应力-应变关系曲线不出现峰值时取轴向应变为 15%所对应的应力差作为试样的抗压强度）和最大有效主应力比 $(\sigma_1'/\sigma_3')_{max}$ 标准两种。

② 两种取值标准的关系分析

主应力差与有效主应力比之间存在下列关系式：

$$\sigma_1 - \sigma_3 = \sigma_1' - \sigma_3' = (\sigma_3 - u)(\sigma_1'/\sigma_3' - 1) \tag{4-5}$$

可见，在保持 σ_3 为常数的三轴压缩试验中，采用两种取值标准求得的强度差异将取决于试验中孔隙水压力的发展过程，因而也就取决于试验类型和试样的剪切特性。

a. 三轴排水剪切试验。在试验中，$u = 0$，所以 $(\sigma_1 - \sigma_3)_{max}$ 与 $(\sigma_1'/\sigma_3')_{max}$ 同时或同一轴向应变时发生，两种取值标准一致。

b. 三轴固结不排水剪切试验和三轴不排水剪切试验。在试验过程中，由于孔隙水压力变化，$(\sigma_1 - \sigma_3)_{max}$ 与 $(\sigma_1'/\sigma_3')_{max}$ 不一定一致。

对于正常固结黏土，达到 $(\sigma_1 - \sigma_3)_{max}$ 时孔隙水压力基本保持不变，如图 4-12 所示，从两种标准的关系式来看，按 $(\sigma_1 - \sigma_3)_{max}$ 与 $(\sigma_1'/\sigma_3')_{max}$ 所定的破坏应力是一致的。

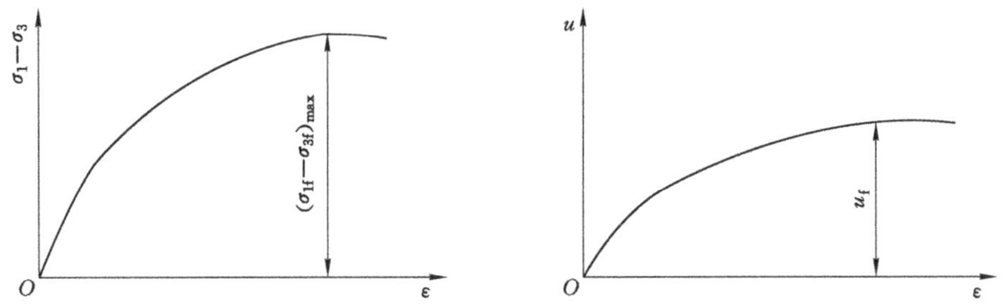

(b) 应力-应变关系曲线　　(b) 孔隙水压力-应变关系曲线

图 4-12　正常固结土 CU 试验中的应力-应变关系曲线以及孔隙水压力-应变关系曲线

强超固结土由于有剪胀性，剪切过程中孔隙水压力短暂升高以后就随着应变的增大而迅速下降，在接近 $(\sigma_1 - \sigma_3)_{max}$（还未达到）时孔压开始减小，甚至出现负值，如图 4-13 所示。此时要保持两种标准的关系成立，即 σ_1'/σ_3' 要减小，所以 $(\sigma_1'/\sigma_3')_{max}$ 出现在 $(\sigma_1 - \sigma_3)_{max}$ 之前。

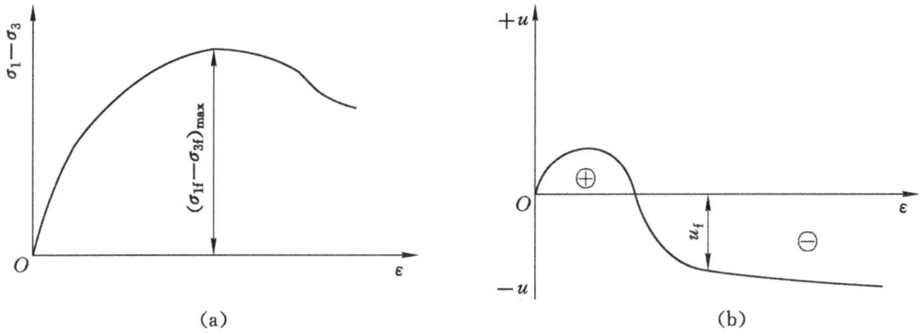

图 4-13　超强固结土 CU 试验中的应力-应变关系曲线以及孔隙水压力-应变关系曲线

灵敏性软黏土由于在剪切过程中孔隙水压力随着轴向应变的增大而增大，达到 $(\sigma_1-\sigma_3)_{max}$ 时，孔隙水压力仍会随着轴向应变增大而增大，如图 4-14 所示。根据两种标准的关系式，σ_1'/σ_3' 仍会增大，但是不一定出现最大值。软黏土试验时，$\sigma_1-\sigma_3$ 和 σ_1'/σ_3' 都随着应变的增大而增大，以 $(\sigma_1-\sigma_3)_{max}$ 或 $(\sigma_1'/\sigma_3')_{max}$ 作为破坏标准都有困难，在这种情况下，一般限定一个应变值，取 $\varepsilon_a=15\%$ 时的应力作为破坏应力。

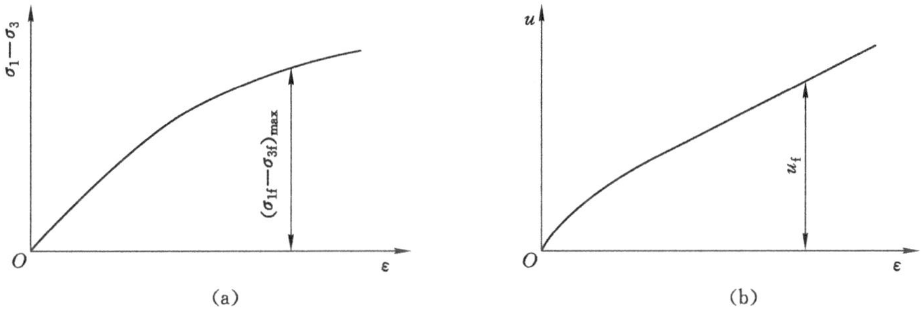

图 4-14　灵敏性软黏土 CU 试验中的应力-应变关系曲线以及孔隙水压力-应变关系曲线

采用不同的取值标准得到不同的强度参数，土物理性质的试验方法和实际参数取值往往综合考虑工程的经济性和安全，如按应变设计的工程应限定较小的应变来确定强度参数，此情形建议用剪切试验的有效应力路径来确定破坏应变。

(4) 关系分析

通过试验得到如下两种关系：主应力差与应变的关系、孔隙水压力与应变的关系。以下对这两种关系进行研究分析。

① 主应力差与应变的关系

a. 正常固结土主应力差与应变的关系

在 σ_1-σ_3、ε_1 坐标系中，整理所做的 7 种固结压力下深部黏土的不排水剪切试验的数据，结果如图 4-15 所示，分析如下：

Ⅰ. 由图 4-15 可以看出：在不排水条件下，深部黏土的应力-应变关系曲线都表现出应变软化特点，随着固结围压 σ_3 的增大，峰值强度提高，超过 800 kPa 时出现破裂面，应变软化现象明显，峰值应变波动大约在 15%范围内，各曲线的起始阶段有交叉现象。

Ⅱ. 由试验曲线可以看出：应变较低时(轴向应变小于 5%)，应力迅速增大，应变在 1%范

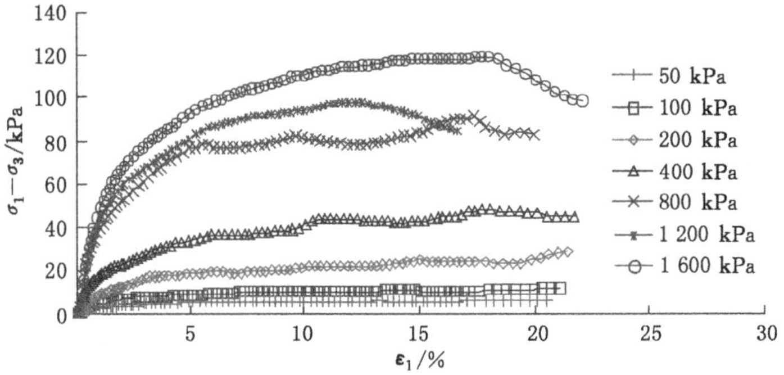

图 4-15　正常固结土的主应力差-轴向应变关系曲线

围内时，表现出良好的线弹性；之后应力增长缓慢，软化明显的曲线(围压 800 kPa、1 200 kPa、1 600 kPa)强度持续增长，出现峰值后强度迅速降低，试样出现剪切破坏面(图 4-16)。

图 4-16　剪切破坏试样

Ⅲ. 由试验曲线可以得出结论：所取深部黏土重塑土样的结构性较弱，土的强度较低，应力-应变关系曲线的起始段呈弹性状态，之后塑性变形所占比例增大。50 kPa、100 kPa、200 kPa 围压下，塑性变形占很大比例，重塑土样的结构性较差。400 kPa、800 kPa、1 200 kPa、1 600 kPa 围压下，重塑土样具有一定的结构性，应力随应变缓慢增长，达到峰值之后，结构性急剧破坏，出现剪切破坏面，致使变形增大而应力降低，完全破坏后达到残余应力状态。

Ⅳ. 从图 4-17 所示有效应力比-轴向应变关系曲线可以明显看出：随着固结压力的增大，不排水剪切过程中有效应力比呈下降趋势，且整体应力比较小，小于 1.3。图 4-18 为不排水剪切试验的有效应力路径，结合图 4-19 可以看出：在 50～800 kPa 围压下土的剪切强度符合线性规律，属于正常固结土的强度变化规律，800～1 600 kPa 围压下土的应力增长趋势变缓。

Ⅴ. 已知强度包络线和 K_f、K_f' 线有如下关系式[46]：

$$\begin{cases}\sin\varphi=\tan\alpha\\ c\cos\varphi=d\end{cases}\tag{4-6}$$

$$\begin{cases}\sin\varphi'=\tan\alpha'\\ c'\cos\varphi'=d'\end{cases}\tag{4-7}$$

式中，α，α' 分别为 K_f 线和 K_f' 线与横坐标轴的夹角；d，d' 分别为 K_f 线和 K_f' 线的截距。

由式(4-6)和式(4-7)可得到正常固结土的抗剪强度指标。由表 4-1 可知：在 50～

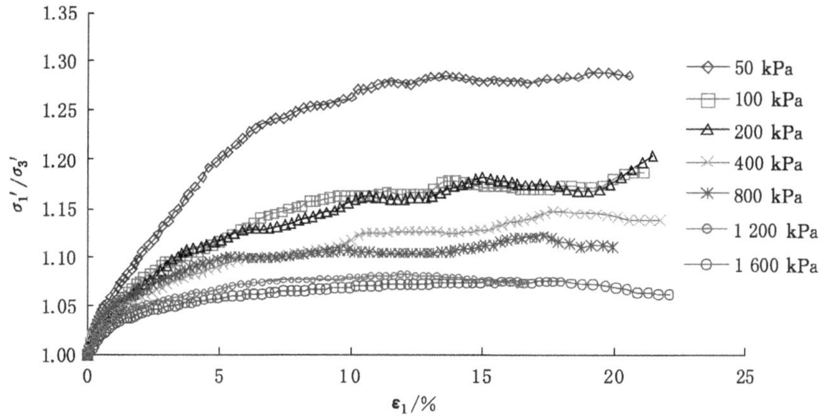

图 4-17　正常固结土的有效应力比-轴向应变关系曲线

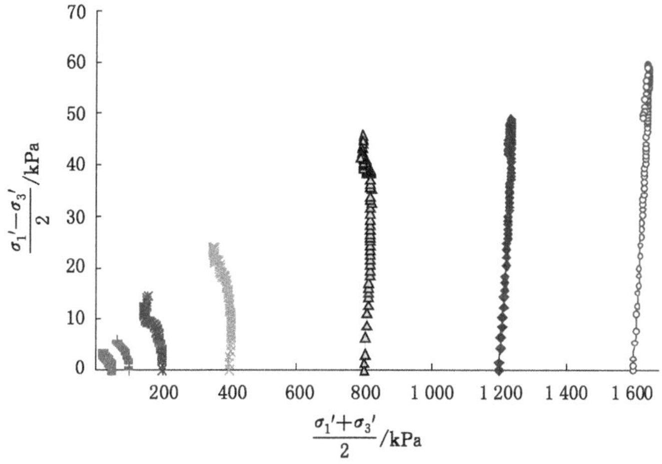

图 4-18　正常固结土的有效应力路径

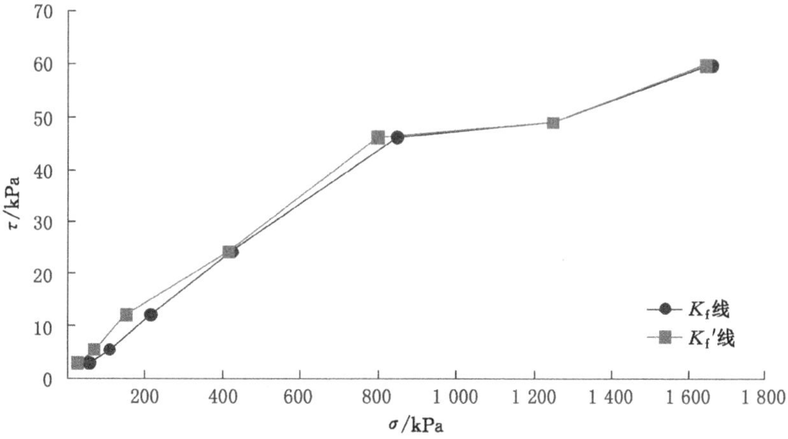

图 4-19　正常固结土的 K_f 线和 K_f' 线

800 kPa 围压范围内，$c \approx 0$，符合正常固结土的强度变化规律；800～1 600 kPa 围压范围内，c 值不为 0，且内摩擦角变小。

表 4-1 正常固结土抗剪强度指标

围压/kPa	α/(°)	α'/(°)	d/kPa	d'/kPa	φ/(°)	φ'/(°)	c/kPa	c'/kPa
50～800	3.120	3.130	0.260	2.332	3.120	3.140	0.261	2.336
800～1 600	0.957	0.917	30.59	32.002	0.957	0.917	30.594	32.006

b. 超固结土主应力差与应变的关系

对 100 kPa 围压下的重塑饱和深部黏土进行 OCR 为 1、2、4、8、16 的超固结不排水剪切试验，得到主应力差-轴向应变关系曲线。由图 4-20 可以看出：随着超固结比的增大，重塑土样的剪切强度增大，应变软化现象明显，在低应变阶段应力增长迅速，很快出现峰值，随后缓慢降低，表现出典型的超固结土的强度变化规律，出现破裂面后，应力迅速下降并出现残余强度。

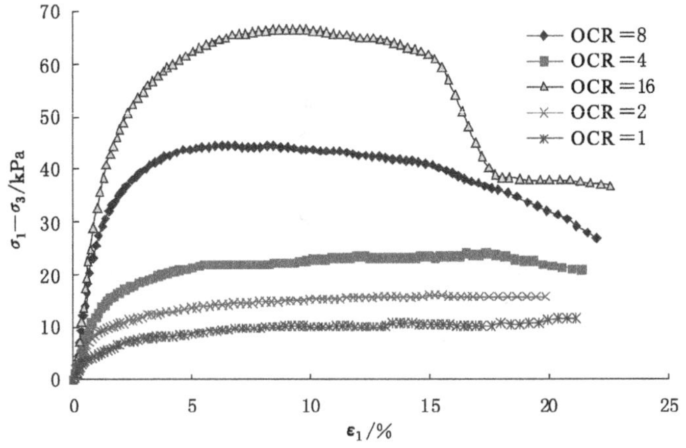

图 4-20 超固结土的有效应力比-轴向应变关系曲线

将图 4-20 中主应力差 $\sigma_1-\sigma_3$ 改变为 $\frac{\sigma_1-\sigma_3}{\sigma_{cz}'}$（$\sigma_{cz}'$ 为固结压力），对上述曲线按 σ_{cz}' 进行归一化，得到不排水强度随 OCR 的变化规律，如图 4-21(a)所示不同 OCR 的归一化曲线，由图 4-21(b)可以看出：随着 OCR 的增大，$\frac{\sigma_1-\sigma_3}{\sigma_{cz}'}$ 逐渐减小且趋于稳定。

由上述分析可知：随着 OCR 的增大，$\frac{\sigma_1-\sigma_3}{\sigma_{cz}'}$ 将逐渐减小并趋于稳定，即超固结不排水抗剪强度随固结围压的增大而增大，为一个固定的比值。

② 孔隙水压力与应变的关系

在以孔隙水压力为纵坐标、轴向应变为横坐标的坐标系中，整理所做的三轴固结不排水剪切试验数据，其结果如图 4-22 所示，分析如下：

a. 由图 4-22(a)可以看出：孔隙水压力随着轴向应变增大而增大，逐渐趋于稳定值。随着固结压力的增大，孔隙水压力-轴向应变关系曲线的峰值增大。由图 4-22(b)可以看出虽

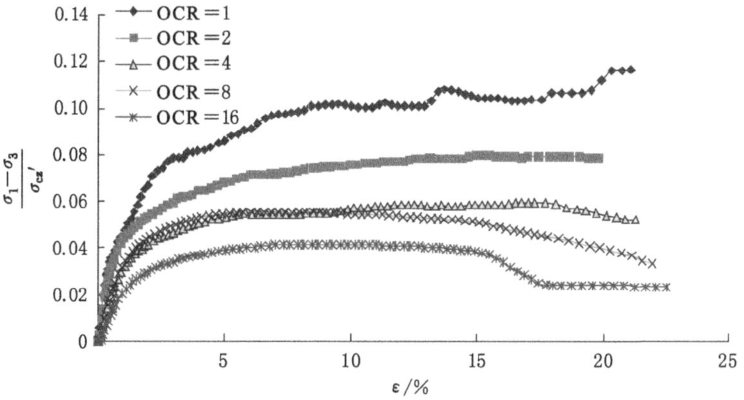

(a) 不同OCR时试样的 $\frac{\sigma_1-\sigma_3}{\sigma_{cz}'}$ -ε关系曲线

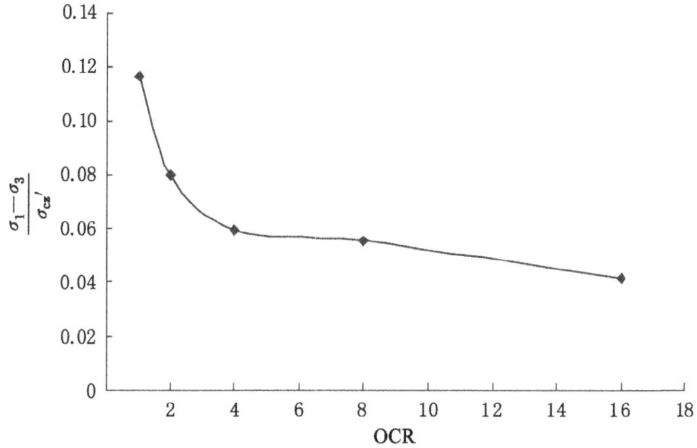

(b) $\frac{\sigma_1-\sigma_3}{\sigma_{cz}'}$ -OCR关系曲线

图 4-21　饱和黏土试样的不排水强度与 OCR 关系曲线

然孔隙压力随轴向应变增大而增大，但随着固结压力的升高，孔隙水压力-轴向应变关系曲线的峰值减小。

b. 由图 4-22(a)可以看出：当固结压力较小时(50 kPa、100 kPa、200 kPa)，低应变阶段孔隙水压力增长较快，很快达到峰值，随后进入稳定阶段；当固结压力较大时(400 kPa、800 kPa、1 200 kPa、1 600 kPa)，如图 4-22(b)所示，在低应变阶段孔隙水压力较小且增长缓慢，峰值出现在轴向应变后期。

c. 由上述分析可知：所取土样为无结构性的深部黏土重塑土样，土的结构强度随固结压力增长，固结压力越大，土的结构强度越大。当固结压力较小时，土的结构性较弱，表现在剪切过程中则体现在低应变阶段土骨架的刚度较小(图 4-5)，土的结构不能承担大部分荷载，所以在低应变阶段孔隙水压力较大且增长迅速。而当轴向应变达到某一值时土被压缩致密，结构性加强，孔隙水压力则趋于稳定。孔隙水压力随固结围压变化曲线如图 4-23 所示，可以看出：随着围压的增大，孔隙水压力变化分为两个阶段，即在 400 kPa 围压范围内时孔隙水压力呈现上升趋势，当围压大于 400 kPa 时，孔隙水压力出现下降趋势，由曲线的发展趋势可以推断当固结围压十分大时，孔隙水压力将趋于平缓，即不会测到孔隙水压力变化。

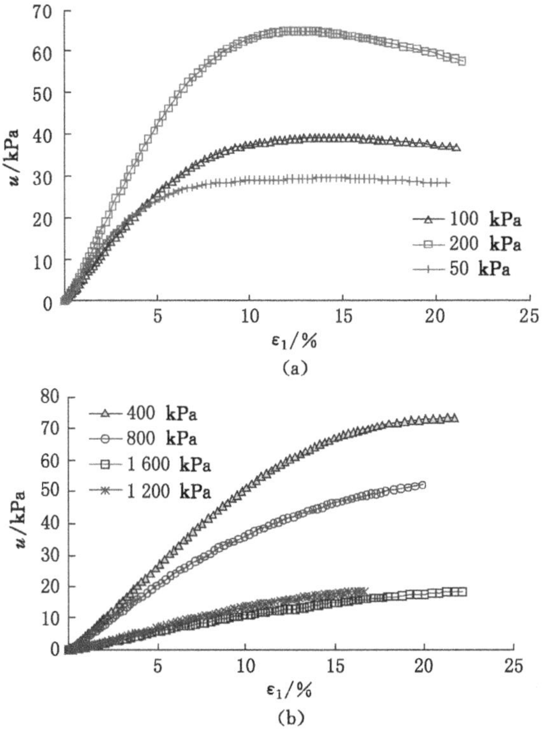

图 4-22 正常固结土的孔隙水压力-轴向应变关系曲线

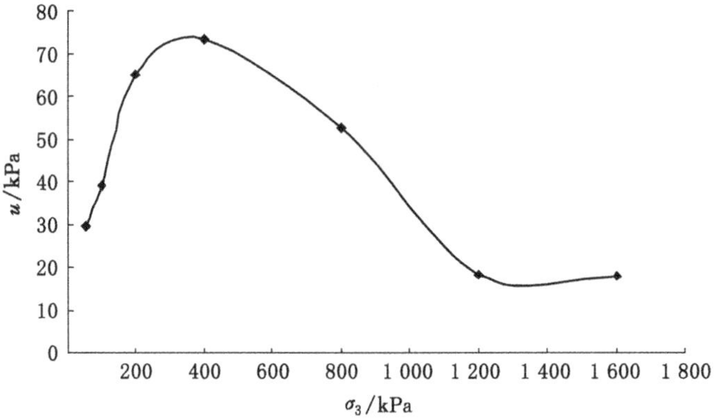

图 4-23 孔隙水压力随围压变化曲线

造成孔隙水压力随围压增大而减小的主要原因是试样含水率的变化，当固结压力逐渐增大时，试样的含水率变化如图 4-24 所示。当固结围压增大时，试样的含水率将减小，当含水率低于试样的塑限时，试样中的大部分水为结合水，自由水所占比例将减小，因而在不排水剪切过程中，孔隙水压力并没有随围压的增大而增大，反而减小。由图 4-25 可知：有效应力路径受孔隙水压力影响的变化趋势随固结围压的增大而变小，当固结围压为1 600 kPa时有效应力路径与总应力路径相差不大，可以认为高压固结下有效应力路径将与总应力路径重合，即无孔隙水压力变化。

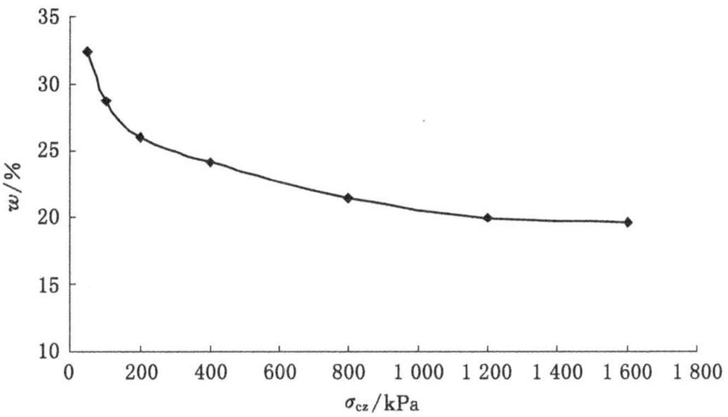

图 4-24　试样含水率随固结围压变化曲线

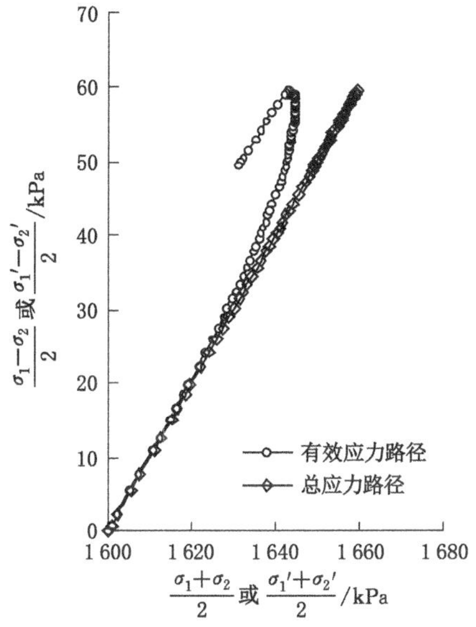

图 4-25　围压 1 600 kPa 时的应力路径

4.2.2.2　高应力水平下三轴剪切试验

为探讨不同剪切条件下高压深部黏土的剪切特性指标和模拟某深部土的力学性质，并与低压下剪切特性进行对比分析，因此对高压固结的深部黏土试样做高压三轴不排水剪切试验。高压三轴剪切试验有两种应力路径：等压固结三轴剪切（围压分别为 10 MPa、13 MPa）与 K_0 固结三轴剪切（K_0 轴压分别为 7 MPa、10 MPa、13 MPa）。

试验采用 SKA-1 型高压 K_0 固结仪和 TATW-500 型三轴试验系统完成，对黏土的高压剪切性质进行研究，揭示与低压固结剪切指标的联系与区别。

试验前先完成下述工作：

① 按照设计图纸要求，对压力室进行耐压（20 MPa、24 h）检测，要求压力室的各密封件、固定螺栓、传感器接头、排气孔密封栓等处不漏油。

② 检查三轴试验系统控制程序、控制柜及电脑处于正常工作状态。

试验控制指标及措施：

① 轴向荷载由试验机轴压加压系统施加。本次研究采用应变控制式加载系统，应变速率(加、卸载和剪切)为 0.1 mm/min；轴压和轴向变形分别由荷重和位移传感器输出，由计算机控制系统自动记录。

② 试样排水和孔隙水压力测试通道在试样底部，试样上、下端放置滤纸和透水石，侧面贴竖条滤纸，以加速排水；固结时打开排水阀，让水自由排出至量管，孔隙水压力随排水自由而消散；剪切时关闭排水阀，进行不排水剪切，测孔隙水压力值。

③ 试样安装时透水石和滤纸浸水饱和，试样放正，排除乳胶膜中的气泡，密封处不透油不透水，加压杠微压密接。

④ 无气泡压力油充满压力腔，排除压力腔内和各通道中的气泡。

通过试验得到如下 6 个结果：高压固结下孔隙水压力、高压等向固结不排水剪切试验结果、高压 K_0 固结不排水剪切试验结果、高压 K_0 固结循环加载不排水剪切试验结果、高压 K_0 固结低围压不排水剪切试验结果、高压 K_0 固结卸载完毕低围压剪切试验结果。下面对上述结果进行分析。

(1) 高压固结下孔隙水压力

在高压固结剪切试验中对孔压变化进行量测，量测结果发现：高压下孔隙水压力变化不明显，孔压变化接近 0，如图 4-27 所示，是本次高压试验中典型的孔隙水压力变化曲线。从图 4-26 中可以看到高压固结后试样的不排水剪切试验时难以量测孔压变化。

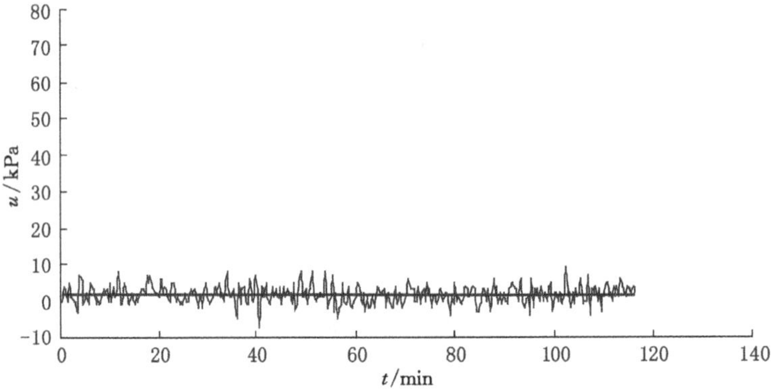

图 4-26　孔隙水压力随剪切时间变化曲线

太沙基关于饱和土的有效应力原理形成于 1921—1923 年，有效应力原理及基于有效应力原理的固结理论很好地解释了海洋黏土受压后长时间缓慢沉降及强度逐渐增长的内在原因及规律。自从太沙基明确了孔隙水压力和有效应力的概念之后，使土力学对许多自然界复杂现象的研究得以深入，并发展成为独立的学科。大量实践已证明有效应力原理的正确性。通常取图 4-27 中 a-a′截面来论证有效应力原理。有效应力原理的表达式为：

$$\sigma = \sigma' + u \tag{4-8}$$

在石油及矿山开采中常会遇到液性指数 I_L 接近或小于 0 的黏土，此时土中的水以结合水、结晶水等存在形式为主，不能传递静水压力。另外，在深覆盖层中，一般处于高应力状态。这些特殊问题给有效应力原理提出了挑战，相关文献对有效应力这个概念进行了讨论。

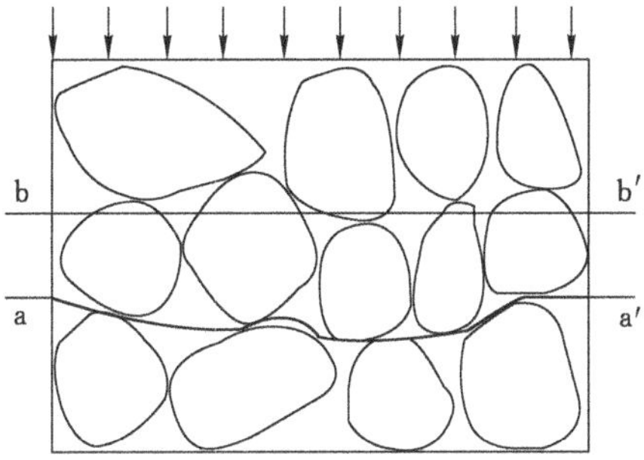

图 4-27　有效应力原理示意图

文献[54]中指出对于黏性土用式(4-6)表述的有效应力原理分析土的强度和变形是适用的，然而在高压下需要进行修正。对于 I_L 接近或小于 0 的饱和黏土，此时土中的水主要以结合水或结晶水等形式存在，不能传递静水压力，此时孔压 u 的传递方向尚不明确。若认为土中不存在自由水，即 $\sigma = \sigma'$，土性参数按总应力法选取。

对本次高压不排水剪切试验中孔隙水压力的变化进行分析，大致有如下两个原因：

① 高压固结后，试样的含水率偏低，试样中水为结合水，试样剪切时，由土颗粒骨架直接受力，不能产生孔隙水压力。

② 土样含水率过低时，孔隙水压力变化相当缓慢，现有剪切速率相对于孔隙水压力变化偏高。

由以上分析可以认为在本次高压固结不排水剪切试验中孔隙水压力不变化，即剪切过程中的有效应力接近总应力。

(2) 高压等向固结不排水剪切试验结果

对试样进行 10 MPa 和 13 MPa 围压下固结，并直接进行不排水剪切试验。对试验结果处理，得出如图 4-28 所示不排水剪切主应力差-轴向应变关系曲线。由图中曲线可以看出两条强度曲线接近，在轴向应变为 5%范围内应力迅速升高，表现出良好的线弹性，之后缓慢增长，在应变为 10%左右时达到峰值，之后出现应变软化。

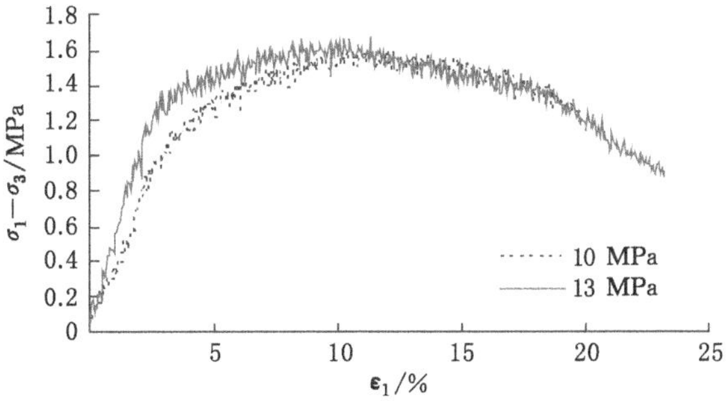

图 4-28　主应力差-轴向应变关系曲线

对剪切过程中体积应变进行分析得到如图 4-29 所示体应变-轴向应变关系曲线(以体积压缩为正)，可以看出两条曲线表现出相同的变化规律，在剪切初期轴向应变为 5%范围内，试样体积迅速减小，出现剪缩峰值，此时应力迅速增长，之后出现体积膨胀，此时应力缓慢增大，在应力达到峰值后，即在轴向应变 10%左右时体积增大停止，之后进入剪缩状态。13 MPa 围压剪切下的体积应变要比 10 MPa 围压剪切下的略小，分析原因主要是 13 MPa 围压固结下试样的压缩量较大，比较致密。

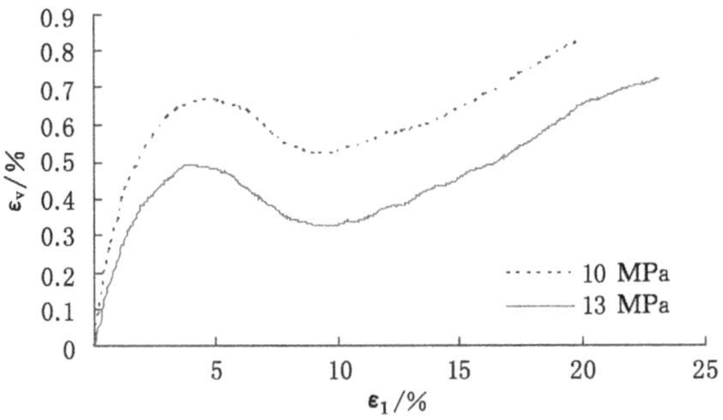

图 4-29　体应变-轴向应变关系曲线

试样剪切过程的应力路径如图 4-30 所示，可以看出 10 MPa 与 13 MPa 围压下试样剪破时最大剪应力面上的剪应力值接近，即在 10 MPa 和 13 MPa 围压下，试样的剪切强度接近，试样的内摩擦角接近 0°，黏聚力较大，剪切指标见表 4-2。

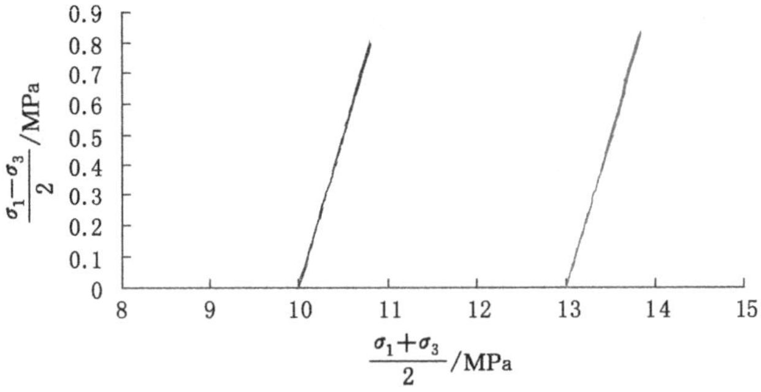

图 4-30　应力路径

表 4-2　高压等向固结土抗剪强度指标

围压/MPa	α /(°)	d /MPa	φ /(°)	c /MPa
10～13	0.665	0.675 5	0.665	0.675 5

试验的应力比-轴向应变关系曲线如图 4-31 所示，可以看出两种围压下应力比都偏小，13 MPa 围压下的应力比 10 MPa 围压下的小。

(3) 高压 K_0固结不排水剪切试验结果

对 7 MPa、10 MPa、13 MPa 高压下 K_0固结试样进行不排水剪切试验，整理试验结果，得到主应力差-轴向应变关系曲线，如图 4-32 所示。由于在 K_0固结过程中，轴向压力与侧向压力保持一定的应力差，故在剪切开始时应力差不为 0。由图中曲线可知：剪切开始时，应力差以 13 MPa 围压下 K_0固结试样的最大，7 MPa 围压下 K_0固结试样的最小；在剪切初期 7 MPa 和 10 MPa 围压下 K_0固结试样的应力增长迅速，而 13 MPa 围压下的增长比较缓

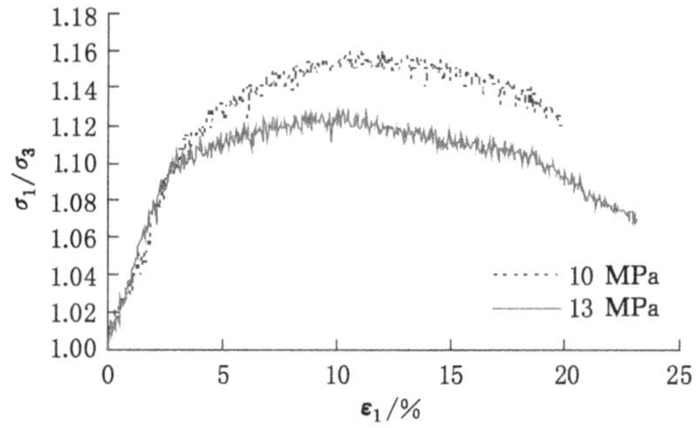

图 4-31　应力比-轴向应变关系曲线

慢；13 MPa 围压下 K_0 固结试样先出现峰值，7 MPa 最后出现峰值。由 3 条试验曲线可以看出三者的最终强度相差不大，未出现明显的强度阶梯变化。

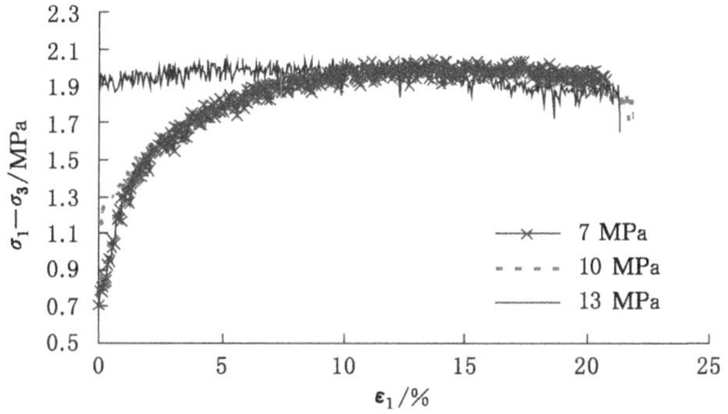

图 4-32　主应力差-轴向应变关系曲线

对试验数据进行处理，得到剪切过程中体积应变与轴向应变的关系曲线，如图 4-33 所示。由图 4-33 可知：3 种 K_0 固结压力下的试样在剪切过程中体积应变的变化规律相同，剪切初期随应力的迅速增长出现剪缩，应力缓慢增长时进入剪胀状态，达到极限破坏强度后剪胀结束，然后进入剪缩状态。由图中可以看出 13 MPa K_0 固结压力下的试样的体应变随轴向应变变化最快，而且剪缩和剪胀幅度最小，可以认为进行 3 轴剪切时随着 K_0 固结压力的增大，体积应变变化幅度越来越小，变化速率越来越大。

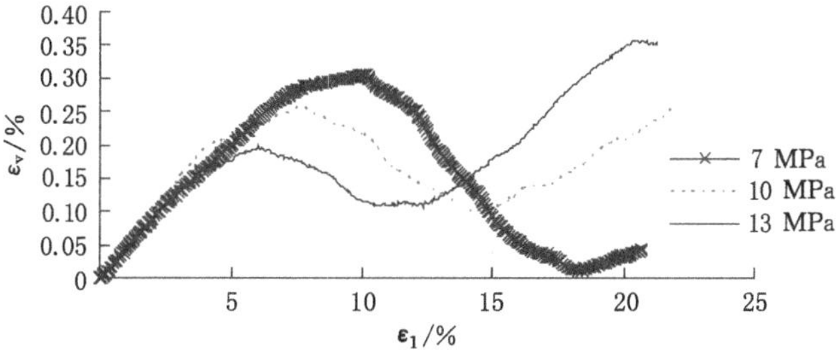

图 4-33　体应变-轴向应变关系曲线

试样剪切过程的应力路径如图 4-34 所示，可以看出 3 种 K_0 固结压力下试样剪破时最大剪应力面上的剪应力接近，试样的剪切强度接近，试样的内摩擦角接近0，黏聚力较大，剪切指标见表4-3。

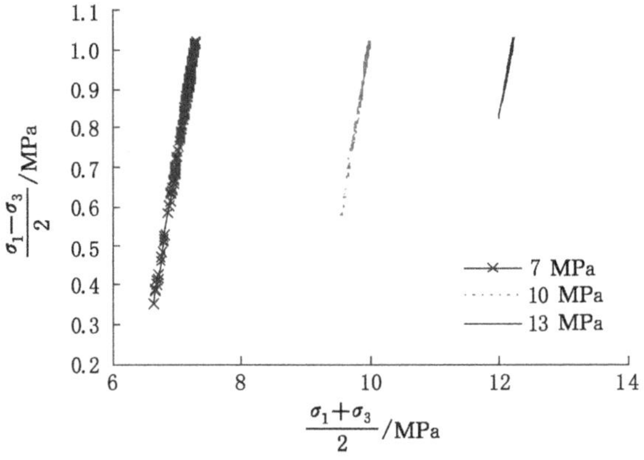

图4-34　应力路径

表4-3　高压 K_0 固结土抗剪强度指标

围压/MPa	α/(°)	d/MPa	φ/(°)	c/MPa
7～13	0.051 6	1.015 7	0.051 6	1.015 7

试验的应力比-轴向应变关系曲线如图4-35所示，可以看出3种 K_0 固结压力下试样的剪切应力比都偏小，而且随着 K_0 固结压力的增大而减小。

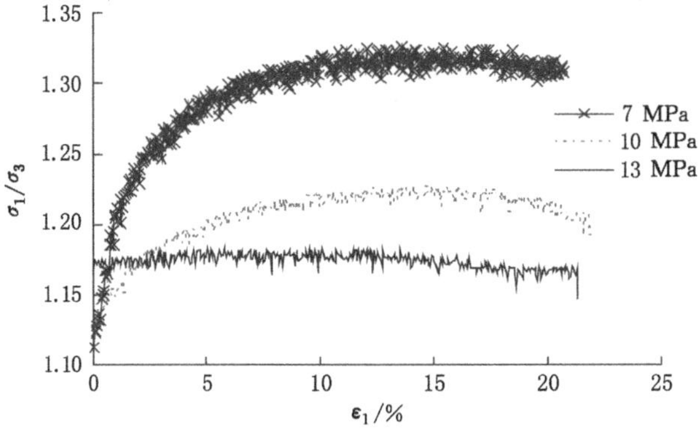

图4-35　应力比-轴向应变关系曲线

(4) 高压 K_0 固结循环加载不排水剪切试验结果

对7 MPa、10 MPa、13 MPa高压 K_0 固结试样进行卸载再加压剪切试验，将试验结果进行整理，得到主应力差-轴向应变关系曲线，如图4-36所示。由图中曲线可知：剪切开始时，3条曲线表现出一致的线弹性；应力差以13 MPa轴压 K_0 固结试样的最大；剪切初期，轴向应变在2%范围内时应力增长迅速，之后增长缓慢，在轴向应变为10%左右时出现峰值，然后应变软化。由图4-37可以看出：三者的最终强度变化规律性不强，整体强度较直接剪切的结果偏低。

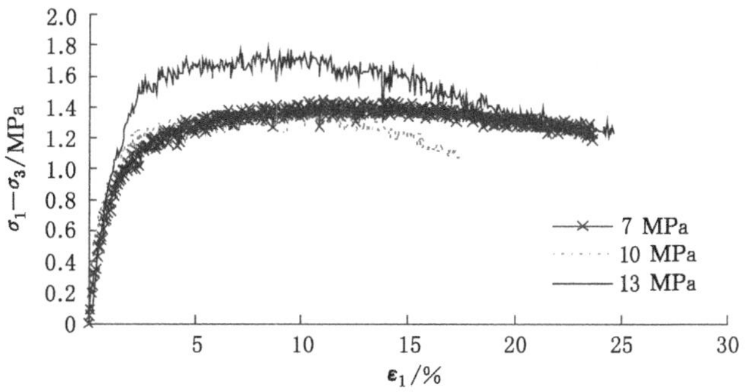

图 4-36　主应力差-轴向应变关系曲线

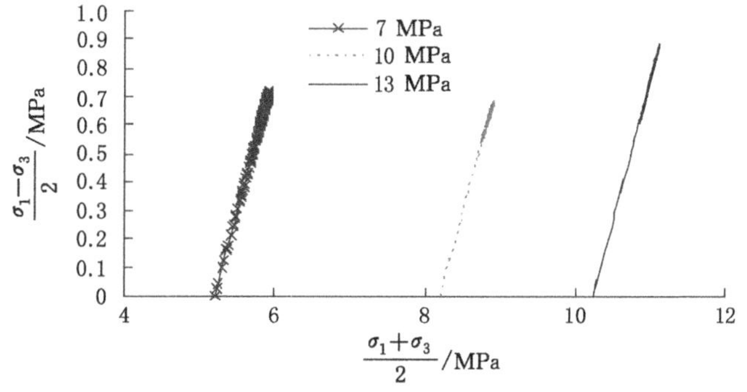

图 4-37　应力路径

对试验数据进行处理，得到剪切过程中体积应变-轴向应变关系曲线，如图 4-38 所示。由图 4-38 可以看出：卸载加载循环一次对体积应变有很大影响，虽然 3 种 K_0 固结的试样在剪切过程中体积应变的变化规律相同，但是与直接剪切的试验结果存在很大差异，具体表现在 13 MPa K_0 固结下试样的体积应变变化幅度相当大，并且体积变化幅度随 K_0 固结压力的增大而增大，主要是因为在卸载时较高压力下的试样回弹量最大，造成在剪切时剪缩体积大；卸载加载循环一次后，对试样在固结过程中形成的结构造成了破坏。

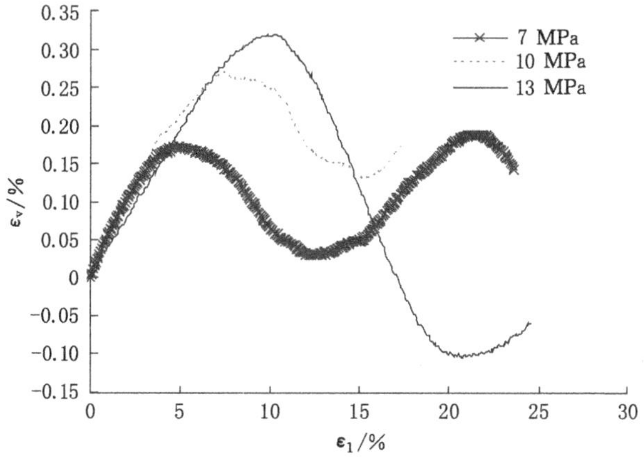

图 4-38　体应变-轴向应变关系曲线

试验的应力比-轴向应变关系曲线如图 4-39 所示，可以看出 3 种 K_0固结压力下试样的剪切应力比都较小，而且随 K_0固结压力的增大而减小。

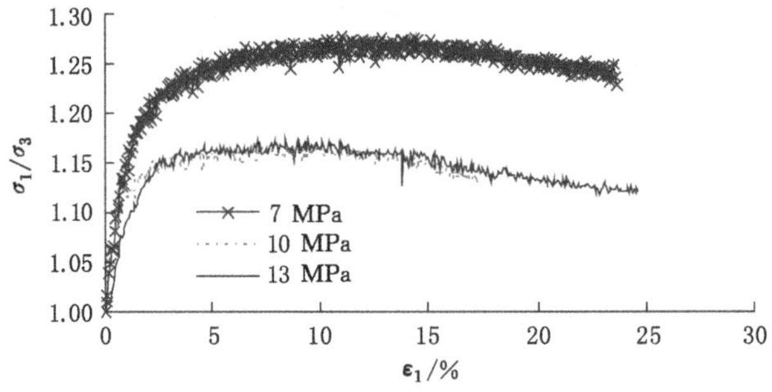

图 4-39 应力比-轴向应变关系曲线

(5) 高压 K_0固结低围压不排水剪切试验结果

对 10 MPa 高压 K_0固结试样进行超固结剪切试验，K_0固结完成后将轴压与围压同时卸载到 100 kPa、200 kPa、400 kPa 后进行不排水剪切试验，对试验结果进行整理，得到主应力差-轴向应变关系曲线，如图 4-40 所示。由图中曲线可知：在剪切开始时，3 条曲线表现出一致的线弹性；应力差除 100 kPa 围压的最大外，另外两种围压下的应力差-轴向应变关系曲线基本重合；剪切初期，轴向应变在 2%范围内时应力增长迅速，之后增长缓慢，100 kPa 围压下在轴向应变为 5%左右时出现峰，另外两个围压下的峰值出现在轴向应变为 10%左右处，然后应变软化。由图中曲线分析可知：在高压 K_0固结后进行一般低围压下的剪切试验，会保持较高的强度值，且相差不大。

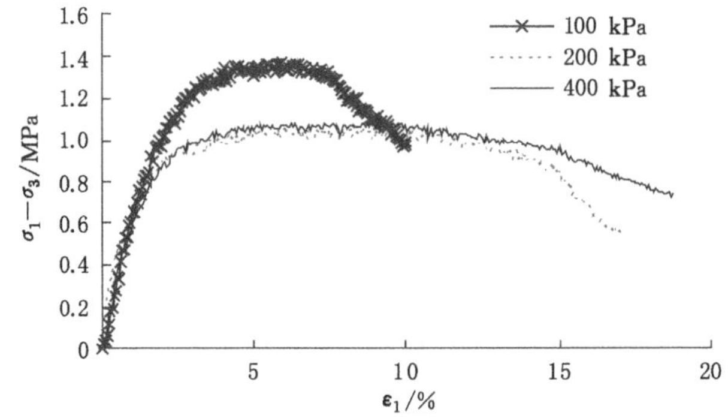

图 4-40 应力差-轴向应变关系曲线

对试验数据进行处理，得到剪切过程中体积应变与轴向应变的关系曲线，如图 4-41 所示。由图 4-41 可以看出：10 MPa 高压 K_0固结试样进行一般低压下的剪切试验对体积应变有很大影响，3 种 K_0固结试样在剪切过程中体积应变的变化规律相同，都表现出在剪切初期体积剪缩，然后表现出体积剪胀的特点，并且体积膨胀效应明显，直到剪切破坏一直处于剪胀状态。分析图中曲线可知：在高压 K_0固结后压力下降会出现试样的回弹膨胀，在剪切初期试样表现出线弹性特点，有一定的体积剪缩，但随后进入弹塑性阶段，试样的应力增长缓慢，结构性破坏增强，塑性破坏严重。

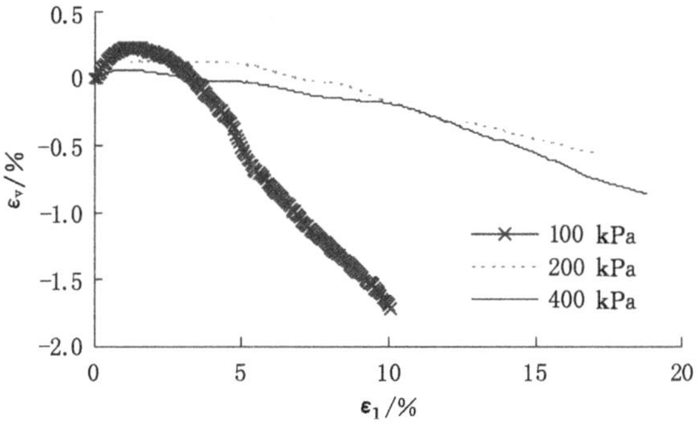

图 4-41　体应变-轴向应变关系曲线

（6）高压 K_0 固结卸载完毕低围压剪切试验结果

对试样进行 10 MPa 高压 K_0 固结后，卸载取出试样并用保鲜膜密封包装，在短时间内（30 min）装入低压三轴仪进行不排水剪切试验，围压分别为 100 kPa、200 kPa、400 kPa，整理试验结果，得到主应力差-轴向应变关系曲线，如图 4-42 所示。由图中曲线可知：200 kPa、400 kPa 围压曲线表现出超固结特性，应变软化后出现残余强度；100 kPa 围压曲线在应变软化后强度急剧下降；3 种围压下的强度都不高，主要原因是试样在高压固结后卸载回弹过程中结构急剧破坏，比低压固结的试验强度还要低。由此可知以前研究取得深部土样但是按低压条件进行试验，将获得的强度指标用于深部地下工程是存在问题的。

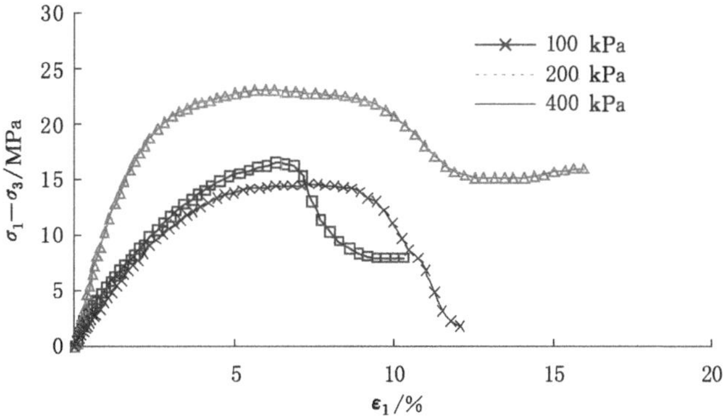

图 4-42　应力差-轴向应变关系曲线

4.3　三轴剪切特性分析

4.3.1　固结状态影响分析

固结状态分为各向等压固结和 K_0 固结。目前众多学者对土体进行三轴固结剪切试验时，通常采用的是各向等压固结方式，而研究表明天然沉积土的固结方式为侧向不变形 K_0 固结，不同的固结方式直接影响土体力学性状，人为使得三轴试验偏离了土体原有性质。本书为研究各向等压固结和 K_0 固结的差异，对重塑黏土试样进行了不同固结方式的三轴试验，固结围压为 300 kPa，采用前文所述常规三轴压缩（CTC）应力路径，试验结果如图 4-43 所示。

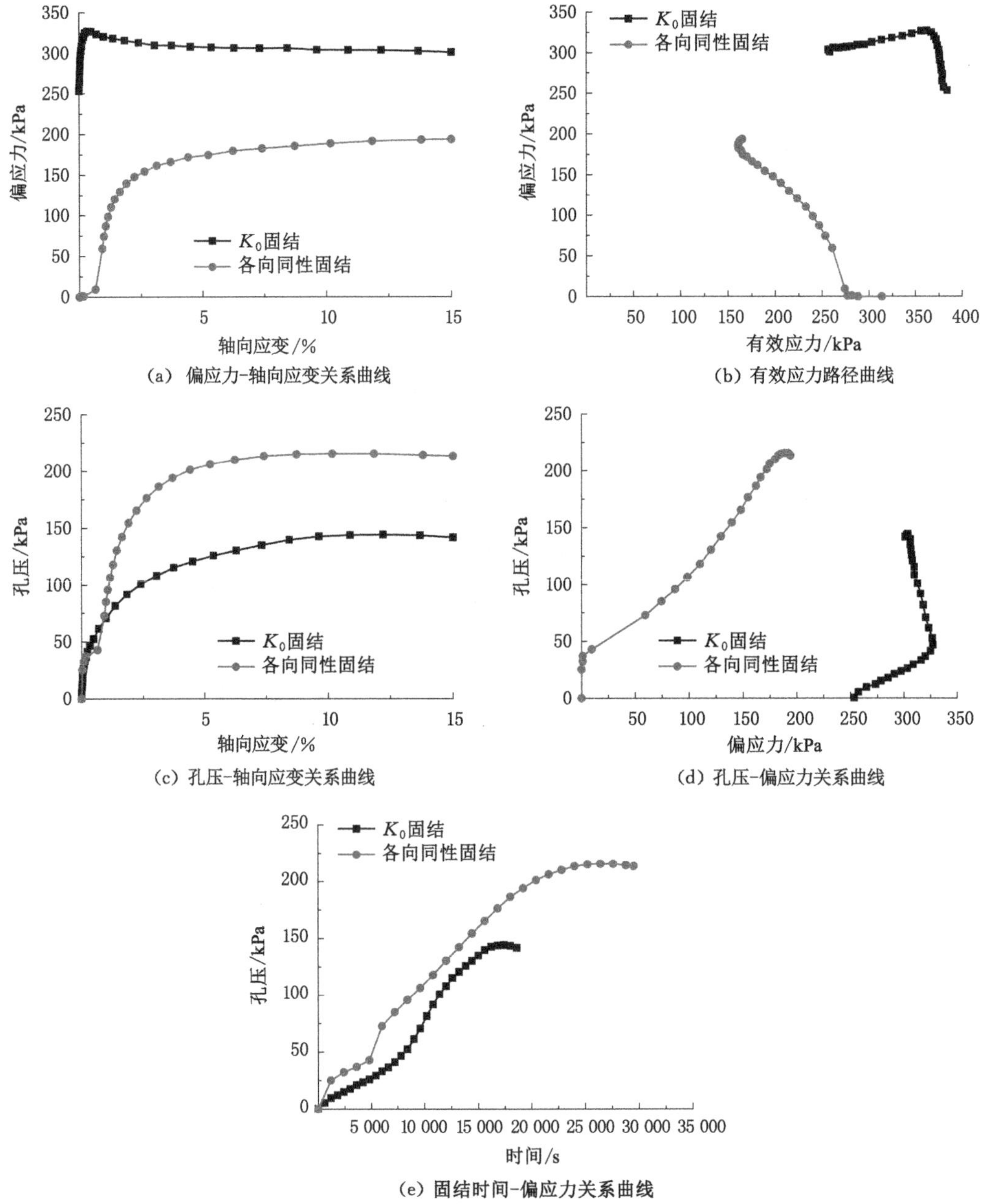

图 4-43　重塑土样不同固结方式试验曲线（300 kPa，CTC）

在固结围压相同的情况下，K_0 固结土体的轴向固结压力大于各向等压固结土样的，同时 K_0 固结土样在固结阶段也发生更大的轴向应变，在三轴剪切开始时，各向等压固结土样受到的偏应力为 0，而 K_0 固结试样在固结阶段轴压不断增大情况下产生一定的偏应力，因此 K_0 固结土的三轴剪切强度整体大于各向等压固结土样。经过 K_0 固结的土样，其应力-应变关系曲线为应变软化型，而各向等压固结试样的应力-应变关系曲线为应变硬化型。各向等压固结试样的孔压增长较快，且孔压值较大，孔压随偏应力发展趋势较为一致，而在 K_0 固结土样试验中，孔压随偏应力发展出现了一个明显转折点，这是由于经过 K_0 固结的土体具有一定的各向异性和结构性，使得土体骨架形成稳定的排列和黏结结构。在土体受力变形过程中，这种结构能较好地发挥作用，土体承受较大的偏应力而仅产生微小的变形，直到外界荷载达到其结构屈服应力，土体内部形成的稳定结构遭到破坏，变形才开始以较快的速率发展。而经历各向等压固结的土体则没有表现出此类特征，在试验过程中试样逐渐破坏，孔压不断增大。

在高压试验系统上做高压等向固结和高压 K_0 固结后的不排水剪切试验。对高压试验的结果进行处理得出高压等向固结和 K_0 固结的不排水抗剪强度指标，将二者的结果进行对比分析得到如下结论：

(1) 高压等向固结和 K_0 固结下，各个压力下的不排水剪切强度接近，内摩擦角很小（小于 1°），黏聚力增大，应力比较小。在剪切过程中体积变化规律为：剪切初期应力迅速增大时体积剪缩，应力增长缓慢时开始剪胀，接近强度峰值时剪胀结束进入剪缩状态，分析原因为剪切初期试样压密产生剪缩，应力缓慢增长时土中产生的微小剪切裂隙造成体积剪胀，当出现剪破面滑动时剪胀结束，试样又进入压缩状态产生剪缩。

(2) 高压等向固结和 K_0 固结后，不排水剪切过程中孔隙水压力变化不明显，孔压接近0，分析原因有两种：高压固结后试样的含水率低于塑限，试样中水为结合水，试样剪切时由土颗粒骨架直接受力，不能产生孔隙水压力。土样含水率过低时，孔隙水压力的变化相当缓慢且较小，现有剪切速率下难以测出孔隙水压力的变化，故可以认为一般高压固结不排水剪切试验中孔隙水压力不变化，即剪切过程中的有效应力接近总应力。

(3) 高压等向固结下的剪切强度比 K_0 固结下的剪切强度低，这与 K_0 固结下试样的各向异性压缩有关，等向固结下孔隙压缩均匀，孔隙水的排出没有方向性，K_0 固结过程中试样轴向压缩，孔隙水按一定的方向排出，在 K_0 固结下试样比较容易形成土体结构。

(4) 高压等向固结和 K_0 固结下黏聚力随围压增大而增大，剪切强度与试样的黏聚力大小相近，故可以取同等压力水平下的黏聚力作为剪切强度。

4.3.2　应力水平影响分析

(1) 原状土

考虑到固结压力的影响，以下是在不同围压下进行 K_0 固结的原状土样的常规三轴压缩路径试验结果。

由图4-44(a)可知：随着前期固结围压的增大，土样的峰值强度明显增大。固结围压为300 kPa时，原状黏土的应力-应变关系曲线呈弱软化型，曲线在达到屈服应力后偏应力基本稳定在一个固定值附近，随着应变的进一步增大才略有减小的趋势。固结围压为600 kPa时的原状黏土的应力-应变关系曲线整体来看也呈应变弱软化型，不过从图中看出：其应力-应变关系曲线早期先呈现应变硬化特征，但硬化现象不显著，偏应力先以较大的斜率增长达到较大值后，随应变增大继续缓慢增大，增大幅度小于10%。固结围压为900 kPa时，原状黏土的应力-应变关系曲线出现了明显峰值，呈现出显著的应变软化现象，表现出超固结土的性质，峰值之后应力下降幅度较大，至应变发展后期已低于围压600 kPa强度曲线，这是由于在较高的固结围压下，试样强度较大，呈现脆性破坏特点，破坏时试样出现剪切错动，此时所表现出的残余强度实际上并不是对试样整体性质的反映，而是由产生的局部剪切带的变形强度控制。

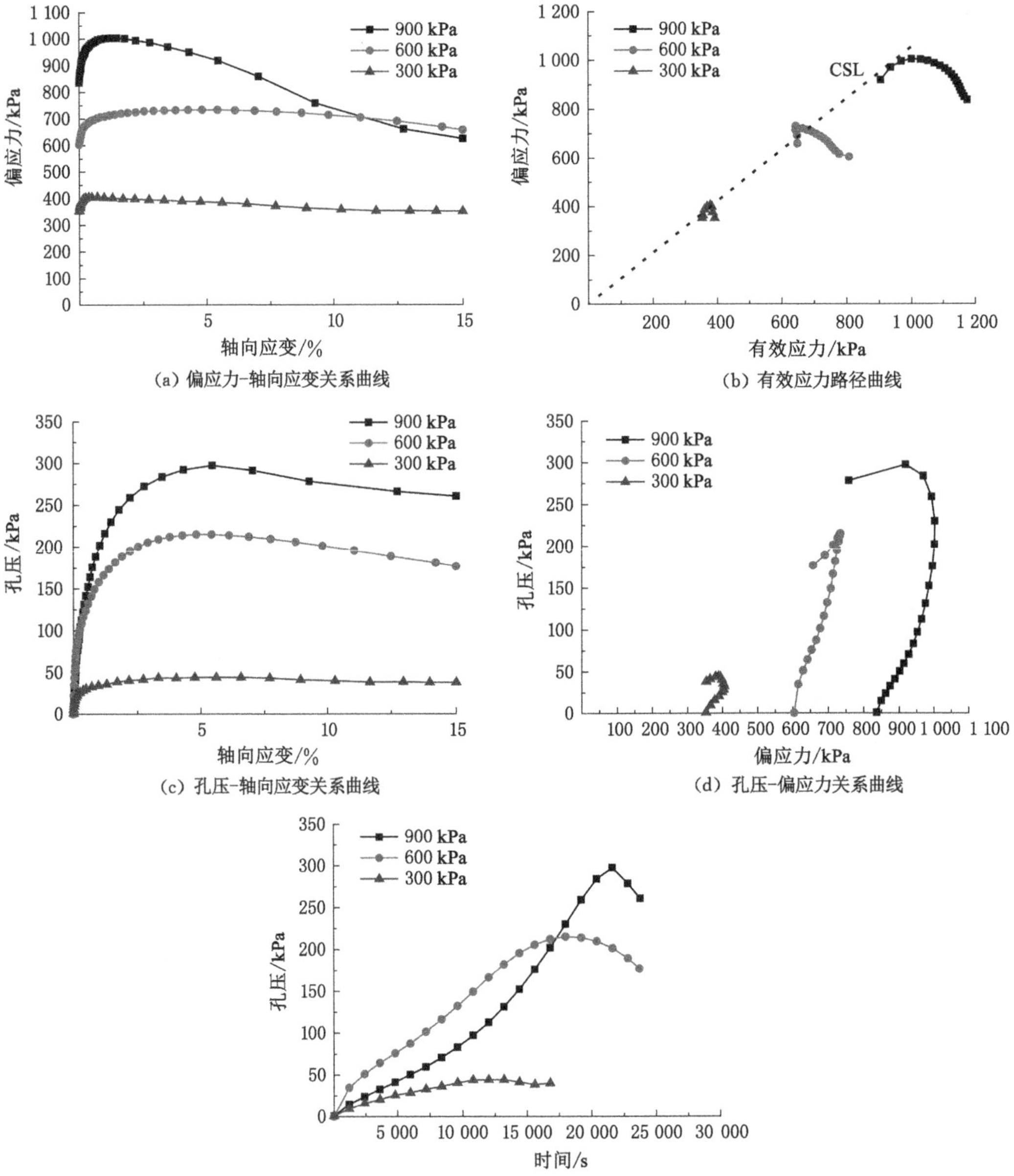

(a) 偏应力-轴向应变关系曲线

(b) 有效应力路径曲线

(c) 孔压-轴向应变关系曲线

(d) 孔压-偏应力关系曲线

(e) 孔压-时间关系曲线

图 4-44　原状土样常规三轴压缩试验曲线

将各组试验的有效应力路径曲线绘于图 4-44(b)中，得到土体的临界状态线，如图 4-44(b)中虚线所示，试验数据与所得临界状态线吻合较好。土体屈服，有效应力路径曲线均向临界状态线靠拢，统计临界状态线斜率 $M_C = 1.05$，根据剑桥模型理论 $M = 6\sin\varphi/(3-\sin\varphi)$，获得土体的内摩擦角 $\varphi = 26.5°$。

同时通过图 4-44(c)可以看出：随着固结围压的增大，孔隙水压力呈现增大趋势，说明固结压力增大使土体内部孔隙减少，土体变得相对密实，土体内部结构性牢固，骨架变形困难，孔隙水压力较为敏感，增长较多。然而孔隙水压力的增长幅度并不与固结围压的增长幅度成正比，从 600 kPa 到 900 kPa，孔压增长较少，且应变初期，二者曲线具有相近的斜率。从 300 kPa 到 600 kPa，孔压增幅较大，约为前二者增幅的 1.88 倍，且应变初期曲线斜率大于 300 kPa 和 600 kPa 曲线的，孔压增长速率较大，这是由于前期固结压力大，同时意味着固结时间也长，以至于土体内部在颗粒排列和颗粒黏结等方面形成了稳定的结构状态。

根据饱和土的有效应力原理，土中的总应力由有效应力和孔隙水压力组成，而有效应力控制土的变形和强度。在剪切过程中，不同固结围压原状土样孔压随偏应力的变化均表现出相同规律，初期偏应力变化不大的情况下孔压快速上升，联系轴向应变数据，此时应变发展极为缓慢，土样几乎没有变形，施加的应力主要由孔压承担。当偏应力达到峰值时孔压又出现下降，此时试样发生剪切破坏。

(2) 重塑土

考虑到固结压力的影响，以下为不同固结压力下重塑土样常规三轴压缩路径试验结果。

由图 4-45(a)可见不同的固结围压下重塑土样的应力-应变关系曲线具有相似的形状，当轴向应变较小时，应变增大极为缓慢，偏应力随着应变的增大快速增大，达到屈服应力后，偏应力保持在一个稳定值不变，应变则快速增大，呈现塑性流动状态。随着固结压力的增大，重塑土样的屈服应力显著增大，在固结围压从 300 kPa 增大到 900 kPa 过程中，屈服应力从 327 kPa 上升到 892 kPa，提高了 172.8%，强度的提升随固结围压的提升近似呈线性关系。从图 4-45(c)有效应力路径曲线可以看到同样的结果，同一土体同一路径在三种围压下的曲线形态相似，由试验曲线拟合得到的有效应力强度破坏线为一条通过原点的直线(图中虚实线)。

重塑土样在三轴剪切过程中孔压随轴向应变增长的变化规律如图 4-45(b)所示，随着固结围压的增大，孔压呈现增大趋势。孔压的变化在应变较小时变化较大，此时偏应力增长较快，当达到屈服应力对应的应变值时，应变快速增大，试样出现外鼓破坏，在黏聚力影响下土体发生塑性流动，孔压开始以一个较缓慢的速率微弱增长。

试验过程中，孔压随偏应力的增大逐渐增大，当偏应力增大到某个阶段时，孔压与偏应力关系曲线上出现拐点，之后孔隙水压力急剧增长，同时偏应力有所下降。这个拐点对应的偏应力与图 4-45(a)和图 4-45(c)中得到的屈服偏应力相吻合，表征此时剪切带已开始形成。这是因为在不排水条件下，当土体开始发生局部变形后，土体将不再均匀变形，变形能将集中在土体中某些薄弱部位，并在这些薄弱区域形成剪破面，偏应力不再增长，而孔隙水压力继续累积。

4.3.3 结构性影响分析

马金荣(1998)指出重塑黏土在高压状态下的 K_0 值呈非线性增大，前文中原状黏土在低压状态下 K_0 值也呈非线性变化，这个现象证实了原状黏土结构性的存在，原状黏土在自下而上逐渐沉积的条件下形成了具有某种特定方向性的颗粒排列和黏结方式，使得试样在 K_0 固结过程中受到内部结构性影响，其径向应力和轴向应力的发展不再遵循同样规律。

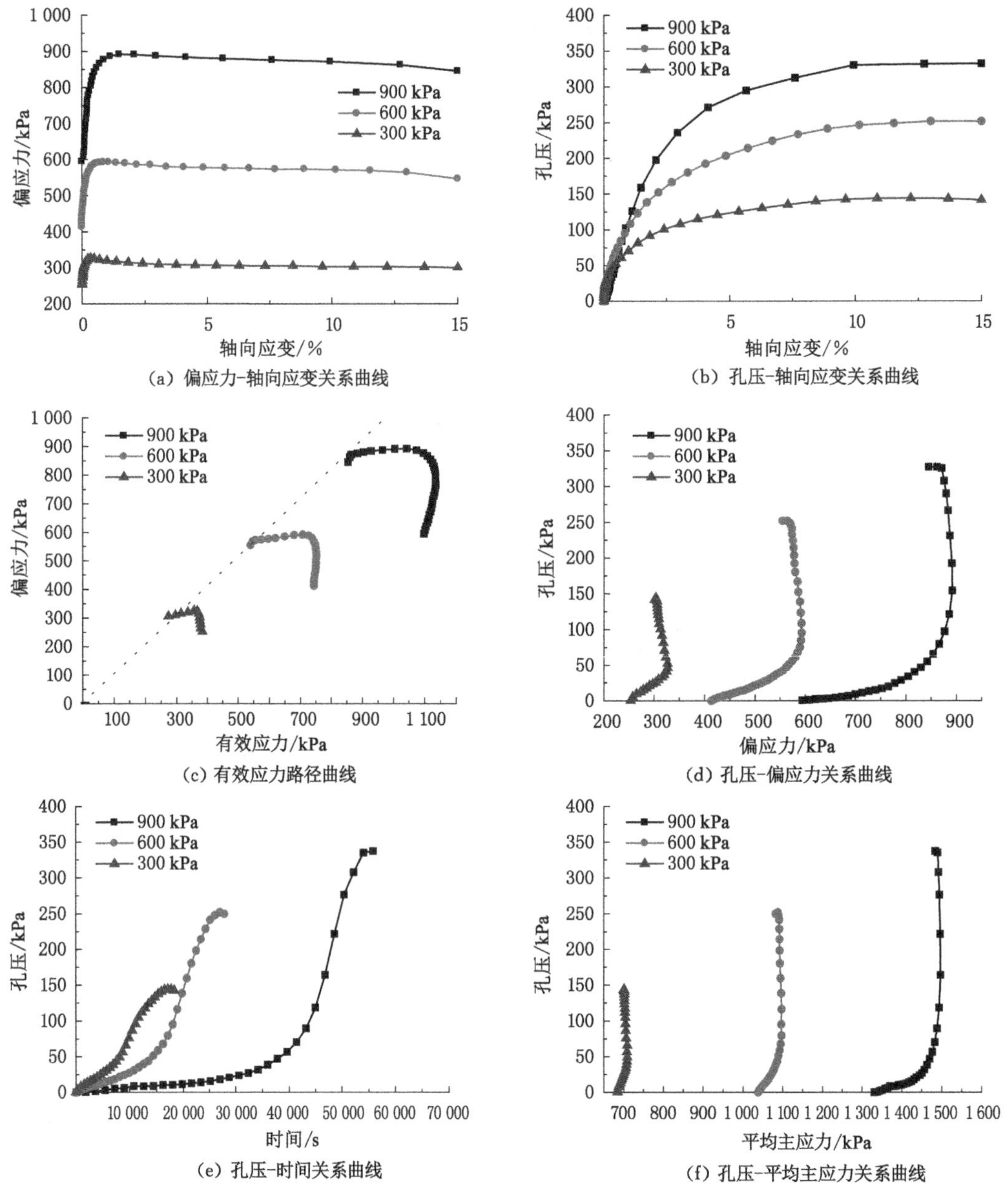

(a) 偏应力-轴向应变关系曲线
(b) 孔压-轴向应变关系曲线
(c) 有效应力路径曲线
(d) 孔压-偏应力关系曲线
(e) 孔压-时间关系曲线
(f) 孔压-平均主应力关系曲线

图 4-45　重塑样常规三轴压缩试验曲线

图 4-45(b)所示有效应力路径曲线(ESP)有部分数据出现在临界状态线(CSL)的左侧，可能是由于原状土体的结构性使原状土体的强度曲线出现应变软化。

在排水剪切试验中，试样被剪切过程中孔隙水不断被排出，试样体积改变。而不排水剪切试验过程中排水阀关闭，孔隙水压力上升，因此不排水剪切试验过程中产生的正孔隙水压力和体积变化可视为同一物理现象。原状黏土在不同围压下孔压随轴向应变的增长规律如图 4-45(c)所示，应变初期，孔压均随着应变的增大迅速上升，对比

图 4-45(e)，说明在刚开始加载的时候应力水平较低，小于结构屈服应力，土体结构性未遭到破坏，刚度较高，因此孔压随时间增加变化趋势近似为一条坡度较缓的直线。土体试样变形较小时，土体骨架结构保持完好，外加载大部分由超孔隙水压力承担，随着应变的增加，土体结构性逐渐遭到破坏，土体内部颗粒剧烈调整来适应并承担外界压力，结构性遭到破坏后土体的刚度变小，孔压上升的坡度变陡。当结构性接近丧失时，土样逐渐被剪坏，不同固结围压下的强度曲线均出现不同程度的应变软化现象，导致有效应力逐渐增大，孔隙水压力不再上升甚至略有下降。

4.4　高应力水平下卸载试验

4.4.1　浅部土(徐州地区 20～50 m 深老黏土)卸载试验

4.4.1.1　卸轴压

(1) K_0-应力关系

图 4-46 列出了试验中较典型的 K_0-最大主应力关系曲线及 K_0-平均主应力关系曲线，其余土样的试验曲线类似。在卸除轴压过程中，围压(σ_3)出现滞后减小现象，K_0值呈现逐渐增大并超过 1 直至 σ_1 减小到 0.5 MPa 左右时才开始呈现减小趋势。K_0值大于 1 时，主应力异向，最大主应力方向为水平方向，产生卸载回弹现象。

由 p-平均主应力关系曲线来拟合 K_0值，可以将曲线分段拟合，从卸载开始到 K_0峰值可用多项式拟合，随后的 K_0值减小过程可以用对数拟合，如同卸除围压时拟合 K_0值。

(2) 卸除轴压主应力异向问题

从上面的典型的几个不同先期固结压力下卸除轴压的黏土样的随主应力与平均主应力的变化关系曲线可以看出：在卸除轴压过程中，除了低应力区和起始卸载处，几乎整个卸载过程中主应力异向，这与固结过程和卸除围压过程完全不同。

土体主应力轴偏转所导致的塑性变形可以归因于土体剪胀性。剪胀性是指土体因剪切造成的体积变化(收缩或膨胀)。剪切引起的体积变形与颗粒的错动相关联，当荷载卸除后不能恢复，应看作塑性体积变化。应考虑主应力轴异向对应力-应变关系的影响。

主应力轴偏转对土体应力-应变关系影响：Ishihara 等的研究表明主应力轴偏转会导致土体明显的塑性变形。下面将从引起土体主应力轴偏转的应力增量特性入手，提出解决土体主应力轴偏转问题计算塑性应变增量的一种新方法。

先将应力增量分解。基于矩阵理论，得出了使主应力轴偏转的应力增量特性，并将任意应力增量分解成共轴分量与偏转分量。对任意三维应力增量的分解结果如下。

令应力 σ 的主值为σ_1，σ_2，σ_3，对应的主向为 N_1，N_2，N_3，则：

$$\sigma = (N_1 \quad N_2 \quad N_3)\begin{vmatrix} \sigma_1 & 0 & 0 \\ 0 & \sigma_2 & 0 \\ 0 & 0 & \sigma_3 \end{vmatrix}\begin{vmatrix} N_1 \\ N_2 \\ N_3 \end{vmatrix} = \boldsymbol{T} \wedge \boldsymbol{T}^{\mathrm{T}} \tag{4-9}$$

则任意应力增量 $\mathrm{d}\sigma$ 的共轴分量 $\mathrm{d}\sigma_C$，偏转分量 $\mathrm{d}\sigma_{r_1}$、$\mathrm{d}\sigma_{r_2}$、$\mathrm{d}\sigma_{r_3}$ 分别为：

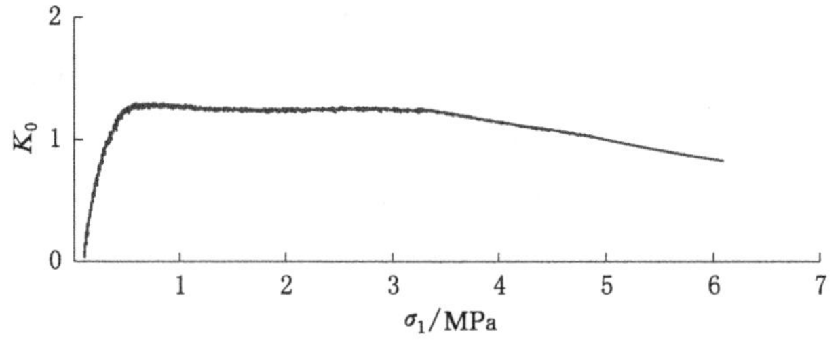

(a) 卸除轴压最大主应力-K_0关系曲线

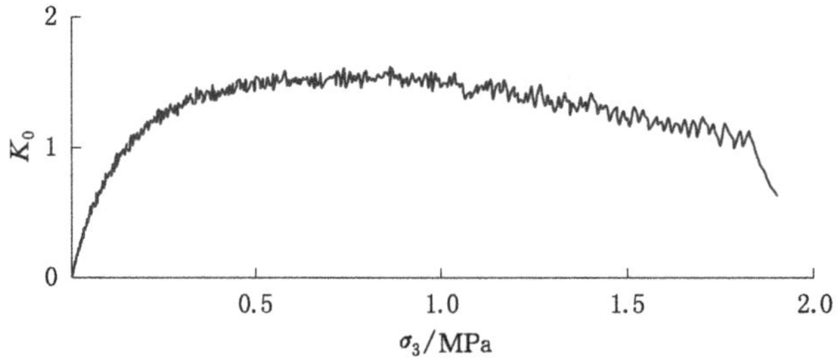

(b) 卸除围压最大主应力-K_0关系曲线

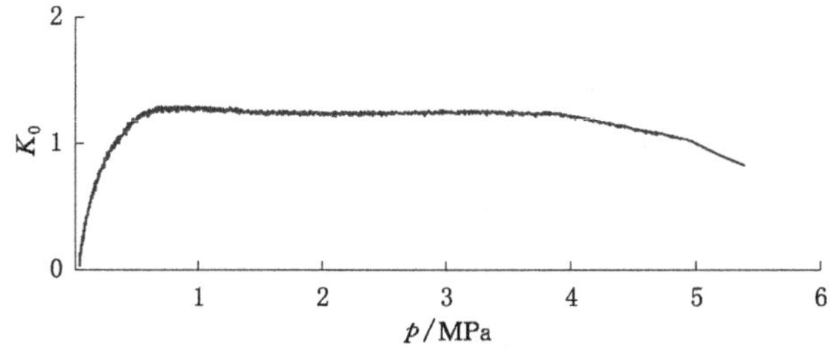

(c) 卸除轴压平均主应力-K_0关系曲线

图 4-46 黏土卸除轴压过程 K_0-最大主应力关系曲线及 K_0-平均主应力关系曲线

$$\mathrm{d}\sigma_C = \boldsymbol{T}\begin{vmatrix} \mathrm{d}\sigma_1 & 0 & 0 \\ 0 & \mathrm{d}\sigma_2 & 0 \\ 0 & 0 & \mathrm{d}\sigma_3 \end{vmatrix}\boldsymbol{T}^{\mathrm{T}}$$

$$\mathrm{d}\sigma_{r1} = \boldsymbol{T}\begin{vmatrix} 0 & A_1 & 0 \\ A_1 & 0 & 0 \\ 0 & 0 & 0 \end{vmatrix}\boldsymbol{T}^{\mathrm{T}}$$

$$\mathrm{d}\sigma_{r2} = \boldsymbol{T}\begin{vmatrix} 0 & 0 & 0 \\ 0 & 0 & B_1 \\ 0 & B_1 & 0 \end{vmatrix}\boldsymbol{T}^{\mathrm{T}}$$

$$\mathrm{d}\sigma_{r3} = \boldsymbol{T}\begin{vmatrix} 0 & 0 & C_1 \\ 0 & 0 & 0 \\ C_1 & 0 & 0 \end{vmatrix}\boldsymbol{T}^{\mathrm{T}}$$

$$\begin{cases} A_1 = \mathrm{d}\theta_1(\sigma_1 - \sigma_2) \\ B_1 = \mathrm{d}\theta_2(\sigma_{21} - \sigma_3) \\ C_1 = \mathrm{d}\theta_3(\sigma_1 - \sigma_3) \end{cases} \tag{4-10}$$

式中，$d\theta_1$，$d\theta_2$，$d\theta_3$ 分别表示 $d\sigma_{r_1}$，$d\sigma_{r_2}$，$d\sigma_{r_3}$ 引起的绕第三主应力轴、第一主应力轴、第二主应力轴偏转的偏转角增量。应力增量分解结果表明：主应力轴偏转引起的塑性变形正是 $d\sigma_{r_1}$ ～$d\sigma_{r_3}$ 这一类偏转分量造成的，下一步就是合理计算这一类应力增量的影响。

一般土体弹塑性模型是通过普通三轴试验来确定土体参数的。例如在 p-q 平面上表述双屈服面模型，一般是得出土体塑性体应变、塑性剪应变的增量 $d\varepsilon_V^p$，$d\varepsilon_S^p$ 与 p，q 增量的关系式：

$$\begin{cases} d\varepsilon_V^p = A dp + B dq \\ d\varepsilon_S^p = C dp + D dq \end{cases} \tag{4-11}$$

通过普通三轴试验确定在一定应力状态（p，q）下的塑性系数 A，B，C，D。事实上，普通三轴试验一般是在应力洛德角（θ_σ）等于 $-30°$ 情况下进行的，而工程实际中 θ_σ 一般不等于 $-30°$。从 π 平面来看，q 的变化方向与普通三轴存在差异，这样还不如将应力不变量增量改为应力增量的不变量。

$$\begin{cases} dp' = \dfrac{1}{3}(d\sigma_{11} + d\sigma_{22} + d\sigma_{33}) \\ dq' = \dfrac{1}{\sqrt{2}}[(d\sigma_{11} - d\sigma_{22})^2 + (d\sigma_{22} - d\sigma_{33})^2 + (d\sigma_{33} - d\sigma_{11})^2 + 6(d\sigma_{12}^2 + d\sigma_{13}^2 + d\sigma_{23}^2)]^{\frac{1}{2}} \end{cases} \tag{4-12}$$

同理，将塑性体变、塑性剪应变增量也推广为塑性应变增量的不变量。

$$\begin{cases} d\varepsilon_V^{p}{}' = d\varepsilon_{11}^p + d\varepsilon_{11}^p + d\varepsilon_{11}^p \\ d\varepsilon_S^{p}{}' = \dfrac{\sqrt{2}}{3}[(d\varepsilon_{11}^p - d\varepsilon_{22}^p)^2 + (d\varepsilon_{22}^p - d\varepsilon_{33}^p)^2 + (d\varepsilon_{11}^p - d\varepsilon_{33}^p)^2 + \dfrac{3}{2}(d\varepsilon_{13}^{p^2} + d\varepsilon_{32}^{p^2} + d\varepsilon_{13}^{p^2})]^{\frac{1}{2}} \end{cases} \tag{4-13}$$

由此，建立更具有普遍意义的关系式：

$$\begin{cases} d\varepsilon_V^{p}{}' = A_0 dp' + B_0 dq' \\ d\varepsilon_S^{p}{}' = C_0 dp' + D_0 dq' \end{cases} \tag{4-14}$$

事实上，普通三轴情况下，存在如下关系式：

$$\begin{cases} dp = dp' \\ dq = dq' \\ d\varepsilon_V^p = d\varepsilon_V^{p}{}' \\ d\varepsilon_S^p = d\varepsilon_S^{p}{}' \end{cases} \tag{4-15}$$

这样可根据普通三轴试验结果来确定塑性系数 A_0，B_0，C_0，D_0，然后可以计算主应力轴偏转所导致的塑性变形。

接着可以考虑主应力轴偏转导致塑性变形的计算。

岩土界普遍认为土的多重屈服面理论能较好地反映土的基本变形特性，而且一般都是在 p-q 平面上表述的。令土体在 p-q 平面上的体积屈服面为 $f_1(p,q)$，剪切屈服面为 $f_2(p,q)$，两式微分可得式(4-14)，推广至一般情况即式(4-15)。下面以绕第三主应力轴偏转为例来考虑主应力轴偏转的影响。当土体只发生绕第二主应力轴偏转时，则：

$$d\sigma = d\sigma_{r2} \tag{4-16}$$

此时应力增量的不变量 dp' 和 dq' 计算如下（因应力增量的不变量与坐标系无关，则可据式(4-16)中主应力空间分量计算）。

$$\begin{cases} \mathrm{d}p' = \dfrac{1}{3}(\mathrm{d}\sigma_{11} + \mathrm{d}\sigma_{22} + \mathrm{d}\sigma_{33}) = 0 \\ \mathrm{d}q' = \dfrac{1}{\sqrt{2}}\{(0-0)^2 + (0-0)^2 + (0-0)^2 + 6[\mathrm{d}\theta_3^2(\sigma_1 - \sigma_3)^2 + 0^2 + 0^2]\}^{\frac{1}{2}} \\ \quad = \sqrt{3}\,|\sigma_1 - \sigma_3|\,|\mathrm{d}\theta_3| \end{cases} \tag{4-17}$$

土体塑性应变增量不仅取决于土体的应力和应力增量，还取决于应力和应力增量的方向。普通三轴情况下 $\mathrm{d}q'$ 方向与 q 一致，而纯主应力轴偏转时 $\mathrm{d}q'$ 方向与 q 方向是正交的。那么需要对普通三轴试验得到的塑性系数进行修正，才可以得到纯主应力轴偏转情况下的塑性系数。

由于卸除轴压主应力异向是既考虑主应力大小变化，又考虑主应力轴偏转的。在同一应力状态下，纯 q 变化与纯主应力轴偏转所导致的塑性体应变、塑性剪应变增量对比，即可求得塑性系数 B,D 的修正系数。计算表明，B,D 的修正系数是一致的，令其为 n，即

$$n = \frac{(\sin\varphi - \sin\varphi_{\mathrm{m0}})(3p - q\sin\theta_\sigma)}{3p\sin\varphi\cos\theta_\sigma} \tag{4-18}$$

$$\sin\varphi_{\mathrm{m0}} = \frac{\sqrt{3}\,q\cos\theta_\sigma}{3p - q\sin\theta_\sigma} \tag{4-19}$$

式中　φ——土体内摩擦角。

则绕第二主应力轴偏转 $\mathrm{d}\theta_3$ 时的塑性体变与塑性剪应变为：

$$\begin{cases} \mathrm{d}\varepsilon_V^{p\prime} = A_0\mathrm{d}p' + B_0\mathrm{d}q' = \sqrt{3}\,nB\,|\sigma_1 - \sigma_3|\,|\mathrm{d}\theta_3| \\ \mathrm{d}\varepsilon_S^{p\prime} = C_0\mathrm{d}p' + D_0\mathrm{d}q' = \sqrt{3}\,nD\,|\sigma_1 - \sigma_3|\,|\mathrm{d}\theta_3| \end{cases} \tag{4-20}$$

上述分析表明土体主应力轴偏转所导致的塑性变形可以归因于土体的剪胀性。偏转平面上主应力值之差越大，导致塑性变形越大；当主应力轴偏转角较大时，偏转所导致的塑性变形是不可忽略的。

假定土体主应力轴偏转时主轴方向塑性流动类似 Rowe 剪胀规律：

$$\begin{cases} \dfrac{\mathrm{d}\varepsilon_{11}^p}{\mathrm{d}\varepsilon_{22}^p} = R\dfrac{\sigma_1}{\sigma_2} \\ \dfrac{\mathrm{d}\varepsilon_{33}^p}{\mathrm{d}\varepsilon_{11}^p} = \dfrac{0.3\sigma_3}{R\sigma_1} \end{cases} \tag{4-21}$$

式中，0.3 为试验参数；$R = \tan^2(45° + \varphi/2)$。

联立式(4-8)和式(4-21)得：

$$\begin{cases} \mathrm{d}\varepsilon_{11}^p = \dfrac{R\sigma_1\mathrm{d}\varepsilon_{11}^{p\prime}}{R\sigma_1 + \sigma_2 + 0.3\sigma_3} = E_1\,|\mathrm{d}\theta_1| \\ \mathrm{d}\varepsilon_{22}^p = \dfrac{\sigma_2\mathrm{d}\varepsilon_{11}^{p\prime}}{R\sigma_1 + \sigma_2 + 0.3\sigma_3} = E_2\,|\mathrm{d}\theta_1| \\ \mathrm{d}\varepsilon_{33}^p = \dfrac{0.3\sigma_3\mathrm{d}\varepsilon_{11}^{p\prime}}{R\sigma_1 + \sigma_2 + 0.3\sigma_3} = E_3\,|\mathrm{d}\theta_1| \end{cases} \tag{4-22}$$

因为 $\mathrm{d}\varepsilon_{13}^p = \mathrm{d}\varepsilon_{23}^p = 0$，综合式(4-18)、式(4-21)、式(4-22)，可得：

$$\mathrm{d}\varepsilon_{12}^p = [n^2(9D^2 + 2B^2)(\sigma_1 - \sigma_2)^2 - 2(E_1^2 + E_2^2 + E_3^2)]^{\frac{1}{2}}\mathrm{d}\theta_1 = E_4\mathrm{d}\theta_1 \tag{4-23}$$

绕第三主应力轴偏转所导致的弹性变形为：

$$\begin{cases} d\varepsilon_{11}^{e} = d\varepsilon_{22}^{e} = d\varepsilon_{33}^{e} = d\varepsilon_{13}^{e} = d\varepsilon_{31}^{e} = d\varepsilon_{23}^{e} = d\varepsilon_{32}^{e} = 0 \\ d\varepsilon_{12}^{e} = d\varepsilon_{212}^{e} = d\theta_1(\sigma_{12}\sigma_2)/G = E_S d\theta_1 \end{cases} \tag{4-24}$$

一般应力空间中，$d\sigma_{r1}$ 所导致的总变形 $d\varepsilon_r^T$ 为：

$$d\varepsilon_r^{T} = d\varepsilon_r^{p} + d\varepsilon_r^{e} = \boldsymbol{T}\begin{vmatrix} d\varepsilon_{11}^{p} & d\varepsilon_{12}^{p} & 0 \\ d\varepsilon_{12}^{p} & d\varepsilon_{22}^{p} & 0 \\ 0 & 0 & d\varepsilon_{33}^{p} \end{vmatrix}\boldsymbol{T}^{T} + \boldsymbol{T}\begin{vmatrix} 0 & d\varepsilon_{12}^{e} & 0 \\ d\varepsilon_{12}^{e} & 0 & 0 \\ 0 & 0 & 0 \end{vmatrix}\boldsymbol{T}^{T} \tag{4-25}$$

同理可分析绕其余主轴偏转所导致的土体变形。

因剑桥模型的应力比在纯主应力轴偏转的情况下为 0，不能反映由于主应力轴偏转产生的塑性变形，所以选用双屈服面模型，将应力及计算参数代入式(4-23)即可求得 θ 角下偏转 $d\theta_1$ 所产生的土体弹塑性变形。

(3) 应力-应变关系

图 4-47 列出了试验中较典型的应变-时间关系曲线，可以看出：在卸除轴压过程中，随着轴压的减小，应变减小。卸载时有明显的弹性变形恢复特征，因为主应力异向，几乎整个卸载过程都处于异向状态，卸载初期应变恢复缓慢而应力急剧减小，当应力降至最小值后应变减小的速率增大，应力又开始逐渐增大。

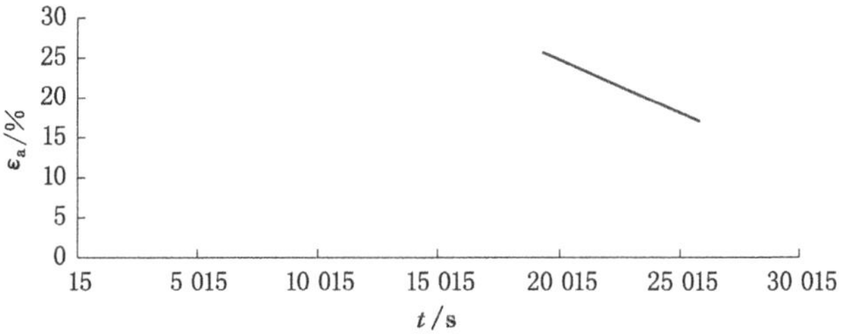

图 4-47　卸除轴压时间-应变关系曲线

拟合图 4-48(b)中 p-ε_a 关系曲线，平均主应力与应变之间的关系可用二次多项式 $p = a\varepsilon_a^2 + b\varepsilon_a + c$ 表示。式中 a、b、c 为与土物理力学性质相关的参数。

图 4-49 将不同先期固结压力下卸轴压的偏应力-轴向应变关系曲线列于一张图中，可看出其曲线形状的相似性。也不难发现，先期固结压力的不同对应变的减小速率没有太大影响。

图 4-50 为 K_0 固结与卸除轴压整个过程的应力-应变关系曲线，由于 K_0 固结过程产生的应变大部分为不可恢复的塑性应变，所以卸载初期应变恢复缓慢。

(4) 卸载时屈服应力

取卸除轴压 q-εa 曲线中突变点为卸除轴压时的屈服点，此点所对应的轴向应变为破坏应变。

图 4-51 与图 4-52 为先期固结压力与屈服应力以及屈服应变关系曲线，可看出先期固结压力与屈服应力以及破坏应变近似线性关系，表达式为：

$$\begin{cases} q_f = a\sigma_3 + b \\ \varepsilon_f = c\sigma_3 + d \end{cases}$$

式中，a，b，c 为与土的物理力学性质相关的参数。

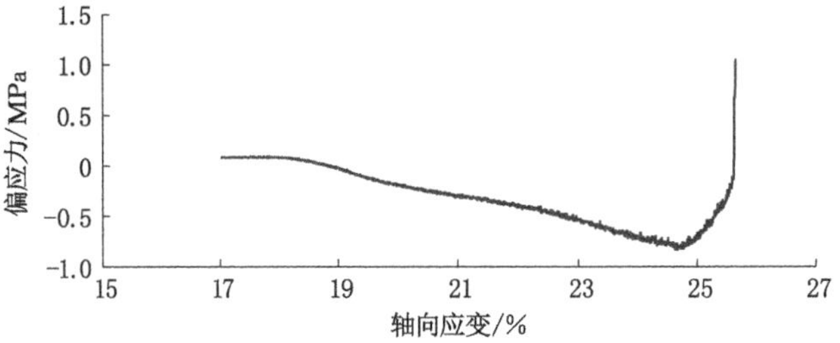

(a)

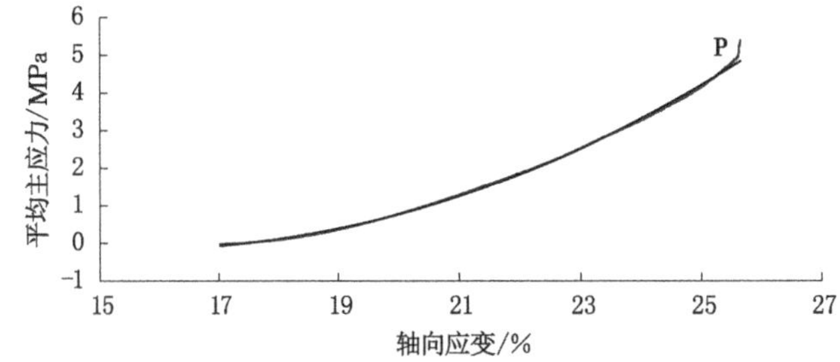

(b)

图 4-48　卸除轴压应力-应变关系曲线

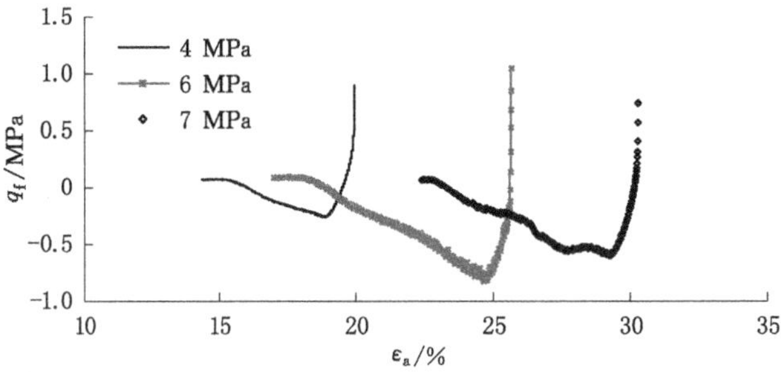

图 4-49　不同先期固结压力下卸轴压的偏应力-轴向应变关系曲线

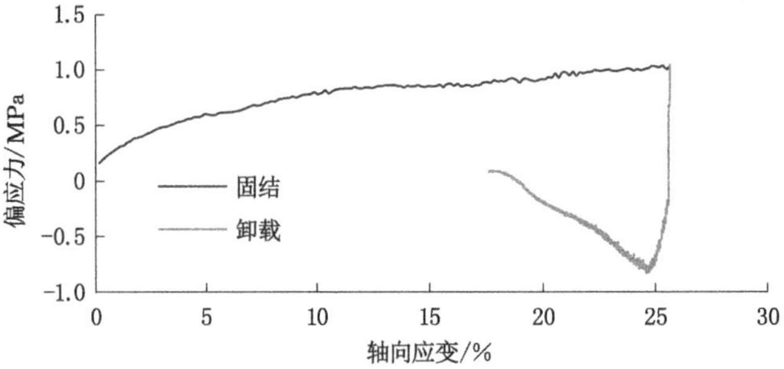

图 4-50　K_0固结卸除轴压过程的应力-应变关系曲线

由图 4-51 和图 4-52 可以得出：随着先期固结压力的增大，屈服应力增大，屈服变形也随之增加。

由图 4-53 可以看出：随着先期固结压力的增大，屈服时 K_0值也随之增大。

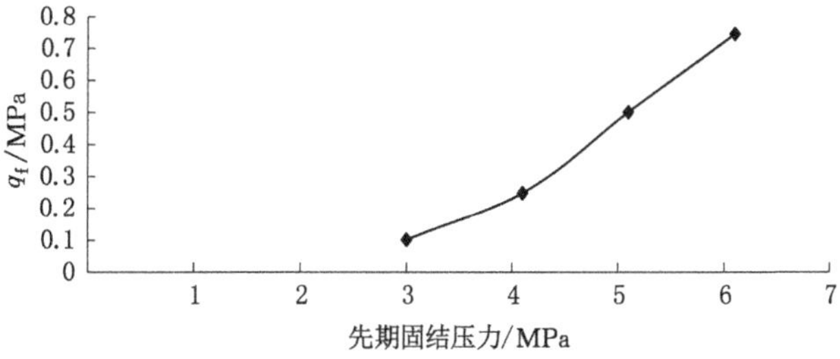

图 4-51　卸除轴压过程先期固结压力-屈服应力关系曲线

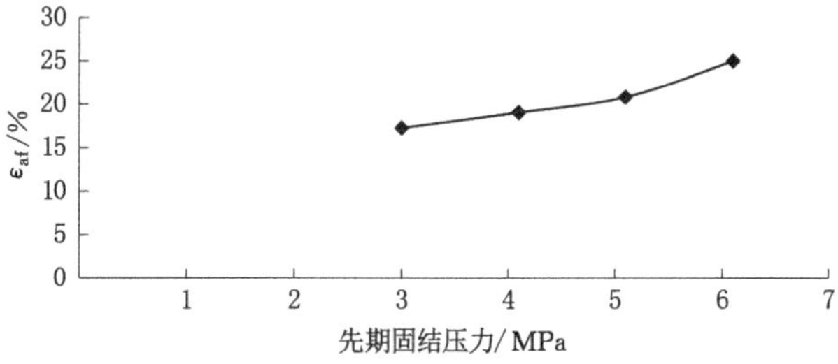

图 4-52　卸除轴压过程先期固结压力-屈服应变关系曲线

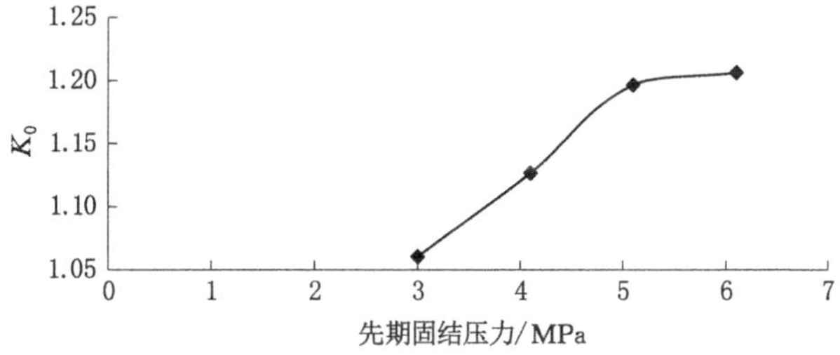

图 4-53　卸除轴压过程先期固结压力-K_0关系曲线

(5) 先期固结压力的影响

下面讨论 K_0与先期固结压力的关系。

如图 4-54 所示，随着先期固结压力的增大，卸载时 K_0最大值变小，主应力异向持续时间更长。

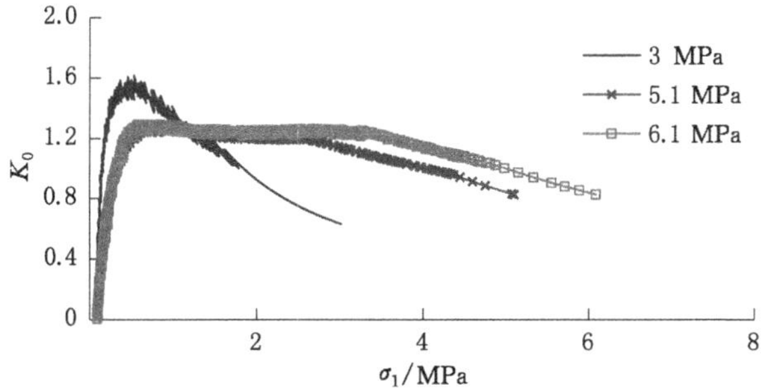

图 4-54　不同先期固结压力下卸除轴压过程 σ_1-K_0关系曲线

(6) 与 K_0 固结相比

图 4-55 为 K_0 固结后卸除轴压整个过程 p-K_0 关系曲线,可以看出卸除轴压过程中 K_0 值比固结时的对应值大。

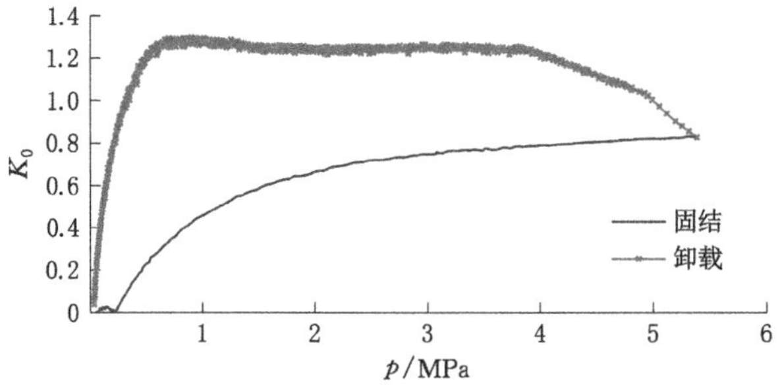

图 4-55 K_0 固结后卸除轴压整个过程 p-K_0 关系曲线

4.4.1.2 卸围压

(1) K_0-应力关系

能否正确确定静止土压力系数(K_0),对地下工程造价和安全可靠程度均有直接影响。但是我国现行的各系统的土工试验规程仅有低应力下饱和正常固结土加载的静止土压力系数的确定方法,至于高应力下卸载土体的静止土压力系数几乎不涉及。实际上不论黏性土还是非黏性土,在卸载过程中静止土压力系数与加载过程相比变化都很大,不能混为一谈。研究应力路径对 K_0 值的影响是十分有价值的。

按已设计好的应力路径做了不同先期固结压力下的卸除围压试验,图 4-56 列出了试验中 K_0 固结后卸除围压较典型 K_0-平均主应力关系曲线、K_0-最大主应力关系曲线及 K_0-最小主应力关系曲线,其余土样的试验曲线类似,不难发现试验结果较好地揭示了卸除围压过程

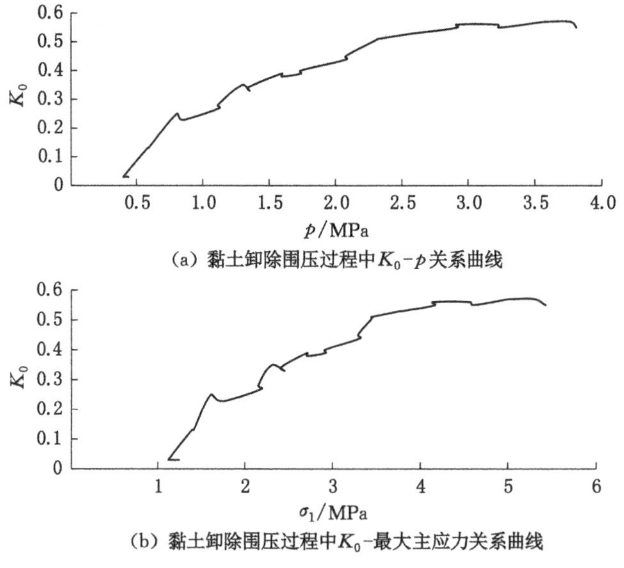

图 4-56 黏土卸除围压过程中 K_0-应力关系曲线

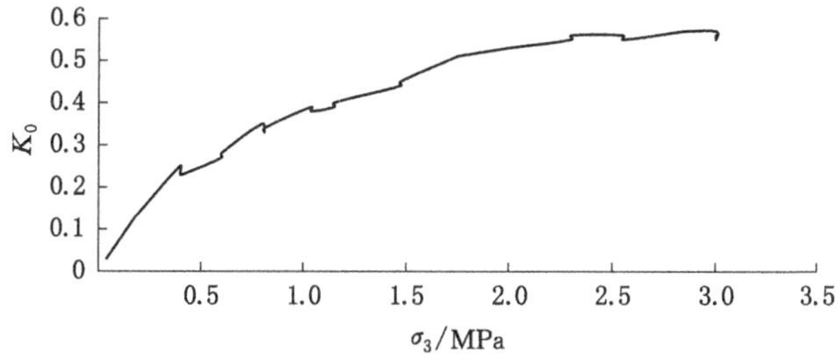

(c) 黏土卸除围压过程中K_0-最小主应力关系曲线

图 4-56 （续）

中 K_0的变化规律，便于总结。可以看出：高应力下黏土卸除围压过程中 K_0-应力关系为非线性。在卸除围压过程中，最大主应力出现滞后减小现象，因此 p（平均主应力）、q（偏应力）也随之减小，K_0值基本呈现下降趋势（图 4-57）。这说明 K_0值与土的应力历史有关。

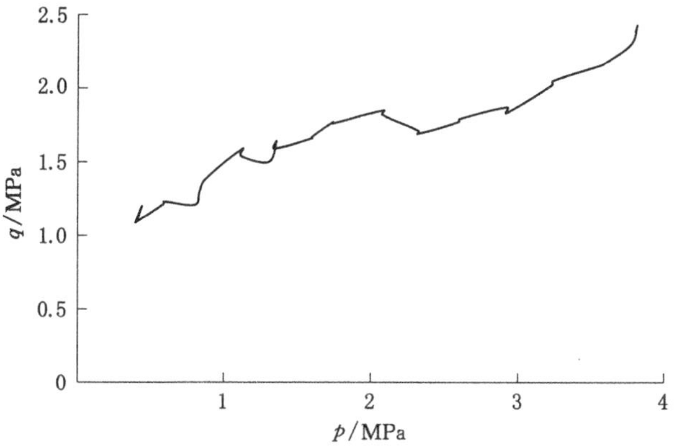

图 4-57　黏土卸除围压过程中典型的平均主应力-偏应力关系曲线

其中，p、q 为：

$$\begin{cases} p = \dfrac{1}{3}(\sigma_1 + \sigma_2 + \sigma_3) = \dfrac{1}{3}(\sigma_1 + 2\sigma_3) \\ q = \dfrac{1}{\sqrt{2}}[(\sigma_1 + \sigma_2)^2 + (\sigma_1 + \sigma_3)^2 + (\sigma_2 + \sigma_3)^2]^{\frac{1}{2}} = \sigma_1 - \sigma_3 \end{cases} \tag{4-26}$$

前人论著中关于 K_0值求取方法是通过低压下试验取得或根据经验公式取得，但是在认识上并不太一致，引用的值也不相同，计算中仅考虑土的固有物理性质和固有力学性质对 K_0的影响，而在地下工程中，由于卸载影响，K_0值随着应力减小而减小。

高应力下黏土卸除围压 K_0减小的规律：用对数函数拟合 K_0-应力关系曲线，拟合结果较好。

$$K_0 = a\ln p + b \tag{4-27}$$

参数 a、b 与土的塑性指数、摩擦角等有关。此次试验总结出高应力下黏土的 a、b 值大致的范围为：a 在 0.2～0.4（0.215 3，0.335 5，0.249 6，0.32）范围内，b 在 0.2～0.9（0.616，0.815，0.264 4，0.716 5）范围内。

(2) 应力-体应变关系

图 4-58 为试验中较典型的体应变-时间关系曲线，其余土样的试验曲线类似。可以看出在卸除围压过程中体应变是随时间增加的。

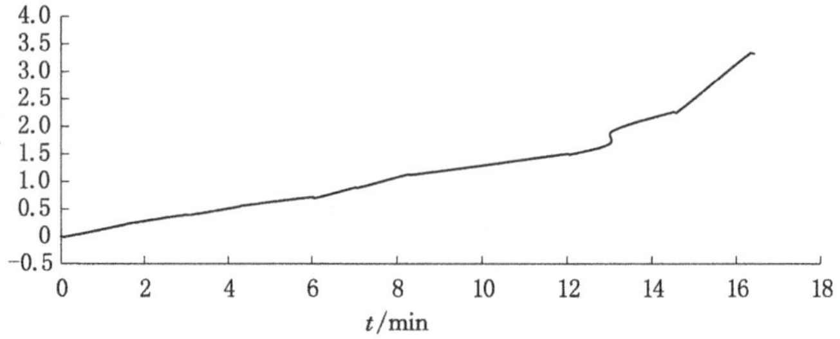

图 4-58 体应变-时间关系曲线

图 4-59 为试验中较典型的体应变-应力（偏应力、平均主应力、应力比）关系曲线，其余土样的试验曲线类似。可以看出：黏土高应力下卸除围压时处于剪缩状态。体积应变随卸除围压而增大，初始体应变增大缓慢，接近完全卸除围压时体应变增大速率变大，在图中显示为折线段。此过程说明高应力下卸除围压时体应变不能忽略。

由轴向应变与体应变的关系可知试样呈现剪缩性。体应变受控于偏应力与法向应力（q 与 p）。卸除围压，体缩量增加，描述应力-应变关系可用方程式 $f(p,q,\varepsilon_V)=0$ 表示。由于

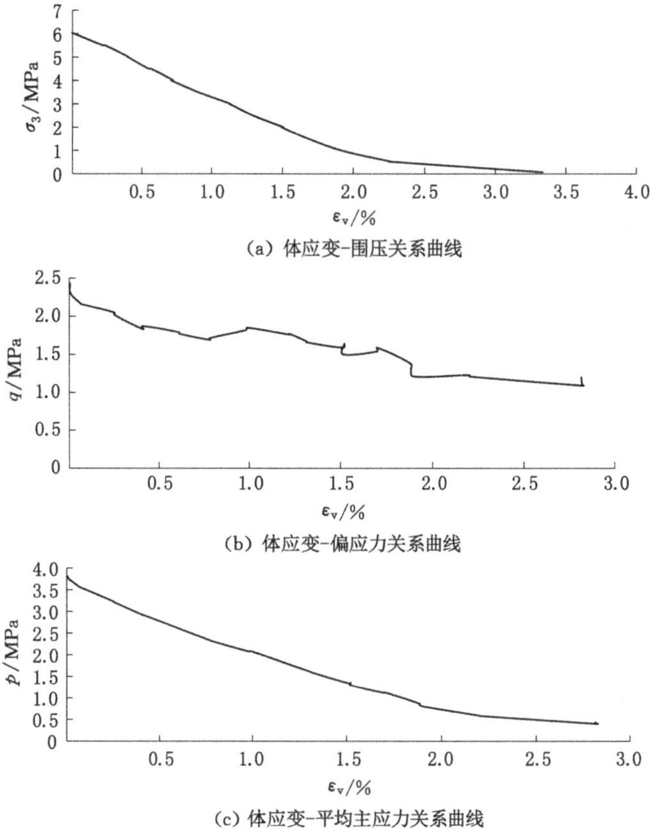

(a) 体应变-围压关系曲线

(b) 体应变-偏应力关系曲线

(c) 体应变-平均主应力关系曲线

图 4-59 应力-体应变关系曲线

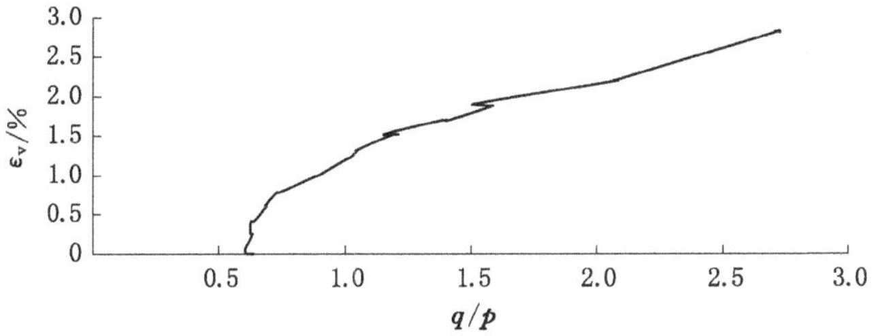

(d) 体应变-应力比关系曲线

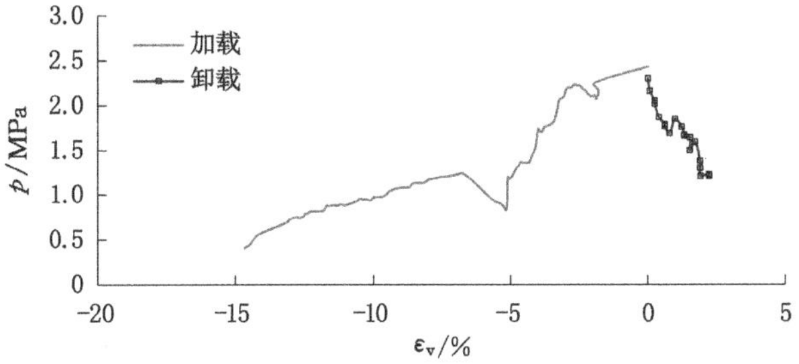

(e) K固结与卸除围压过程体应变-平均主应力关系曲线

图 4-59 （续）

本次试验试样数较少，暂时无法推导得出具有代表性的函数表达式。

(3) 卸载时屈服应力

由于图 4-60 所示曲线类似软黏土流变曲线，于是取最小体应变速率对应点的偏应力作为卸载时的屈服应力，此点所对应的体应变减去 K_0 固结后初始体应变作为屈服变形。由图 4-61 可知：体应变在未达到屈服前随先期固结压力的增大而增大，屈服变形总体上随先期固结压力的增大而增大。

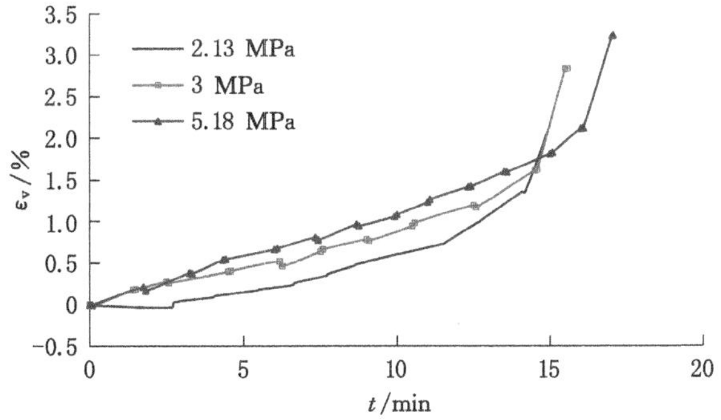

图 4-60　不同先期固结压力下卸除围压体应变-时间关系曲线

图 4-61 与图 4-62 为屈服应力和屈服变形与围压的关系曲线，可以发现屈服应力 q_f 和屈服体应变 ε_{vf} 与围压 σ_3 的关系都近似线性关系，可用下列方程式近似描述：

$$\begin{cases} q_f = a\sigma_3 + b \\ \varepsilon_{vf} = c\sigma_3 + d \end{cases} \tag{4-28}$$

式中，参数 a、b、c、d 与土的力学性质相关。

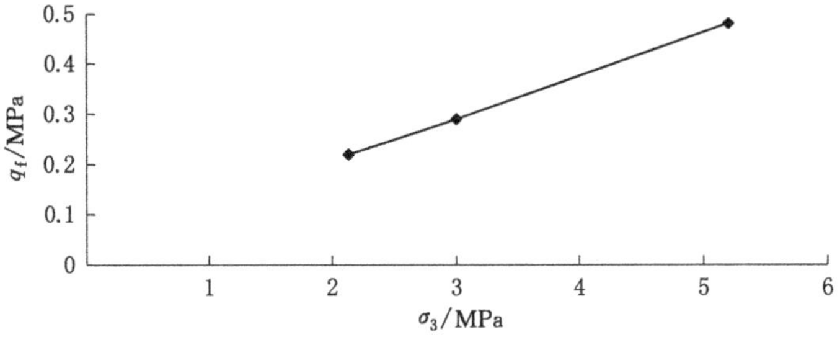

图 4-61　屈服应力-围压关系曲线

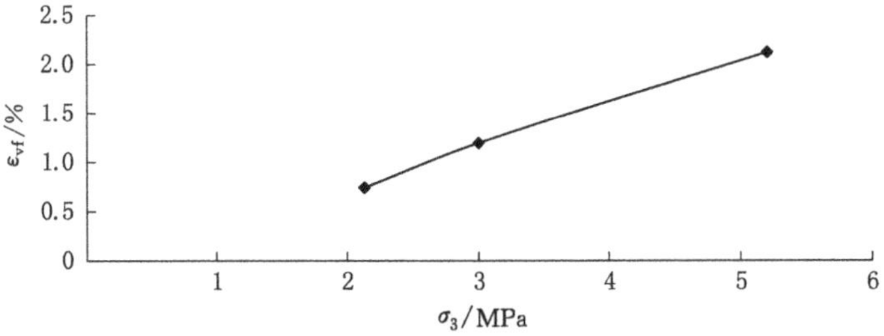

图 4-62　屈服变形-围压的关系曲线

由图 4-63 可以看出：屈服时 K_0 值随先期固结压力的增大而减小，基本呈线性关系。

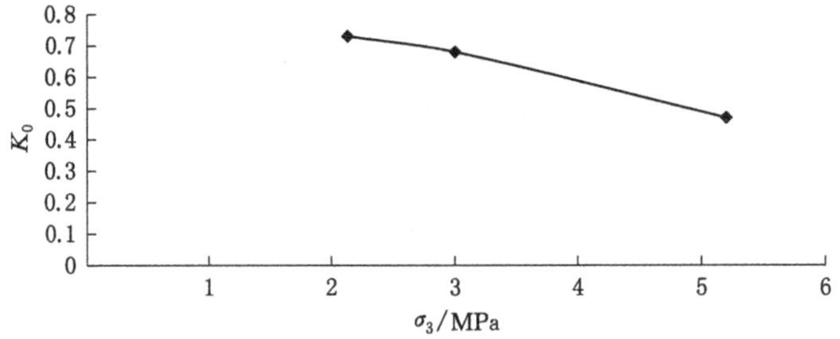

图 4-63　屈服时 K_0-围压的关系曲线

(4) 屈服准则

莫尔强度理论是研究材料破坏的理论，所以又称为破坏理论，对土来说，用莫尔-库仑理论——最大剪应力理论，对砂土和黏土都比较合适，而且采用该理论确定的强度具有一定安全度，所以被长期广泛使用。该理论最早由库仑提出，是以最大剪应力作为材料开始破坏的量度，之后莫尔提出材料的破坏为剪切破坏，在破坏面上，法向应力 σ 与剪应力 τ_f 之间存在函数关系式 $\tau_f=f(\sigma)$，此时的剪应力 τ_f 为抗剪强度。由于该函数关系式确定的曲线为莫尔破坏包络线，表示材料受不同应力 σ_1、σ_2、σ_3 作用达到极限状态时滑动面上 σ 与 τ_f 各点的轨迹。

由图 4-61 中屈服应力与围压的关系可看出屈服应力在坐标系中呈直线，所以满足莫尔-库仑准则。

本次卸除围压试验所采用土样剪切指标为：$c=0.25$ MPa，$\varphi=12°$。

(5) 与 K_0 固结相比

图 4-64 为卸除围压时平均主应力-K_0关系曲线。可以看出与 K_0固结相比，卸除围压过程中 K_0在平均主应力大于 3 MPa 时基本等同或略大于加载时 K_0值，然后逐渐降低，总体呈现较加载时 K_0减小的趋势。

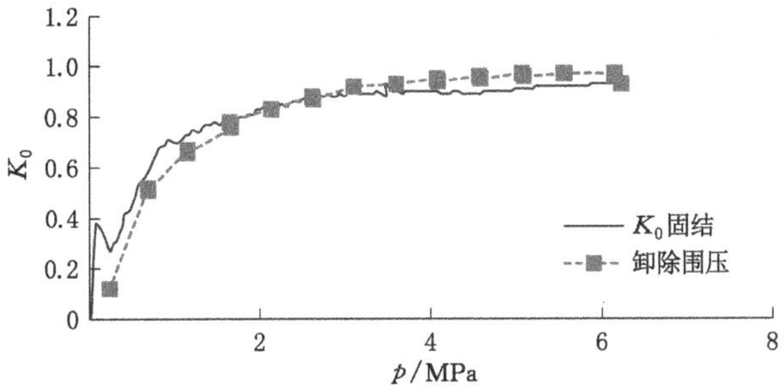

图 4-64　黏土 K_0固结后卸除围压过程中 K_0-平均主应力关系曲线

图 4-64 为不同先期固结压力下 K_0固结过程与卸除围压过程屈服应力与围压的关系曲线。

K_0固结过程中取屈服点为偏应力-轴向应变关系曲线中开始偏离直线段的始端。图 4-65 为黏土 K_0固结后与卸除围压过程中屈服应力-围压关系曲线。可以看出：卸载应力路径下屈服应力明显小于 K_0固结状态下的，并且随围压的增大而增大，其差异变得越来越大，因此，在地下工程中，随着开挖卸载，随着开挖深度的增加，若以加载的强度指标进行稳定性计算将会带来隐患，从而引起土体过早破坏。

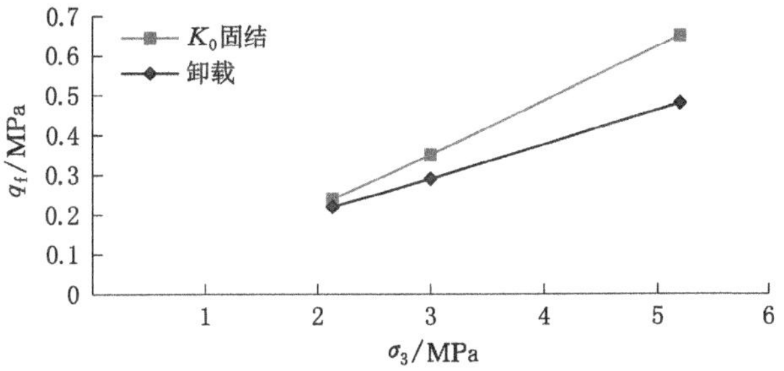

图 4-65　黏土 K_0固结后与卸除围压过程中屈服应力-围压关系曲线

（6）先期固结压力的影响

图 4-66 为不同先期固结压力下卸除围压时最大主应力-K_0关系曲线，可以看出先期固结压力对卸载路径作用下 K_0值相似，这说明先期固结压力对 K_0值影响不大。

4.4.2　深部土（山东巨野 500 m 深部土）

4.4.2.1　卸轴压

（1）应力-应变关系

图 4-67 为试验中较典型的应变-时间关系曲线，可以看出：在卸除轴压过程中，随着轴压的减小，土体产生了一定的回弹变形，轴向应变不断增大，后期产生突变点，应变较快发展。

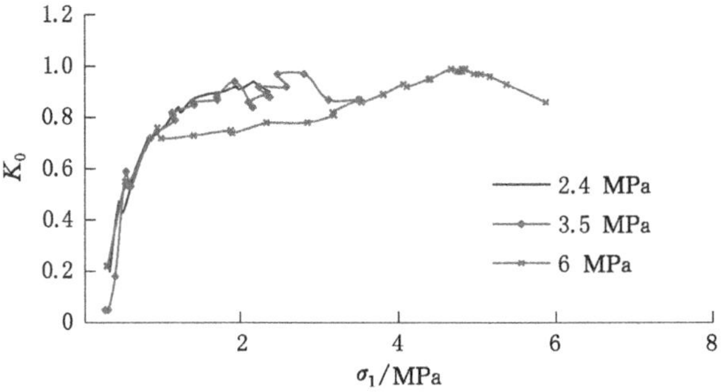

图 4-66　不同先期固结压力下卸除围压时 K_0-最大主应力关系曲线

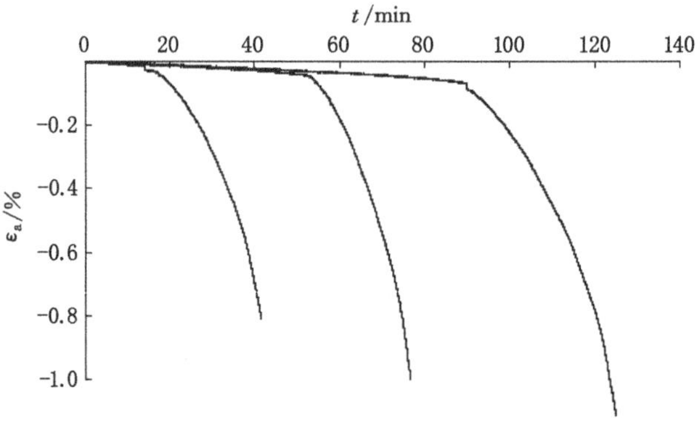

图 4-67　不同初始固结压力卸除轴压应变-时间关系曲线
（初始固结压力从左到右分别为 3 MPa、6 MPa、9 MPa）

图 4-68 和图 4-69 为典型的应力-应变关系曲线，卸载时有明显的弹性变形恢复特征。卸除轴压路径下土样轴向变形为负，表明试验中土体处于拉伸状态，即土体产生了一定的回弹变形，导致应力释放直至重新平衡。卸载初期，应力-应变关系曲线接近一条直线，应力急剧减小，对应的轴向变形恢复很慢，土体以弹性变形为主，主要原因是 K_0 固结过程中产生的应变大部分为不可恢复的塑性应变，所以卸载初期应变恢复缓慢；卸载后期，土体的偏应力缓慢降低，试样不断被拉伸，对应的轴向变形相对较大，这部分变形大部分是在恒定的围压作用下产生的不可恢复的塑性变形。通过观察不同先期固结压力下卸轴压的偏应力-轴向应变关系曲线，可看出曲线形状的相似性，不难发现先期固结压力对应变速率没有太大影响。

（2）卸载时屈服应力

取卸除轴压 q-ε_a 关系曲线突变点为卸除轴压时的屈服点，此点所对应的轴向应变为破坏应变。

图 4-70 和图 4-71 为先期固结压力-屈服应力关系以及先期固结压力-屈服变形关系曲线，可以看出：先期固结压力与屈服应力以及屈服变形近似呈线性关系，表达式为：

$$\begin{cases} q_f = a\sigma_3 + b \\ \varepsilon_f = c\sigma_3 + d \end{cases} \tag{4-29}$$

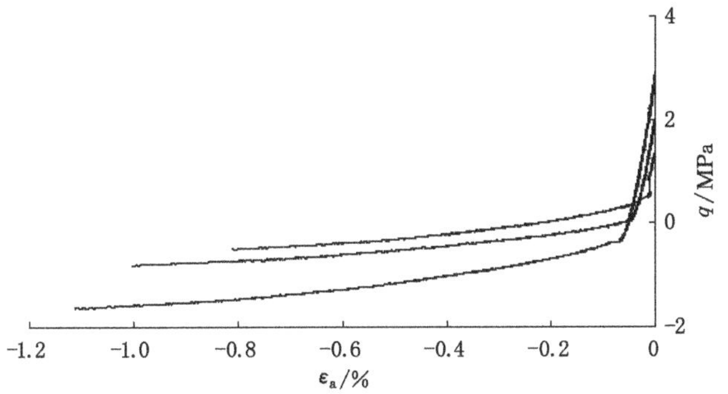

图 4-68　卸除轴压应力-应变关系曲线
（初始固结压力从上到下分别为 9 MPa、6 MPa、3 MPa）

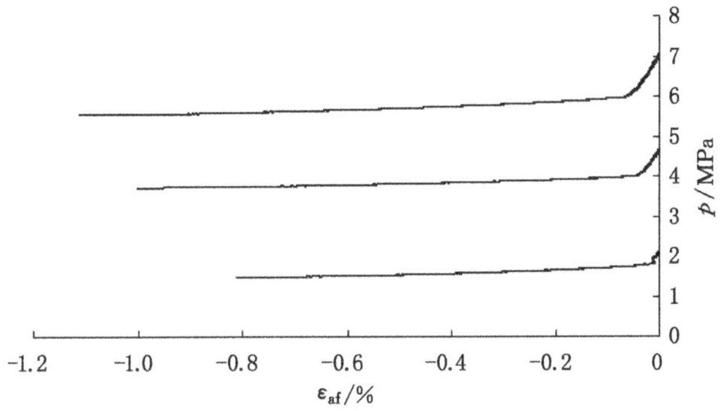

图 4-69　卸除轴压平均主应力-应变关系曲线
（初始固结压力从上到下分别为 9 MPa、6 MPa、3 MPa）

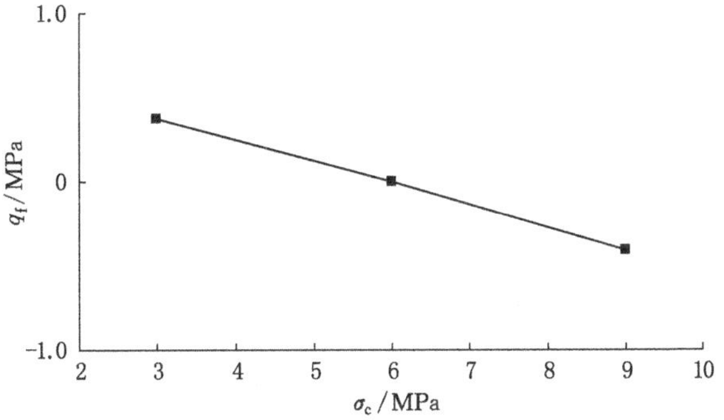

图 4-70　卸除轴压过程中先期固结压力-屈服应力关系曲线

式中　a,b,c——与土的物理力学性质相关的参数。

由图 4-70 和图 4-71 可以得出：随着先期固结压力的增大，屈服应力相应增大，屈服变形也随之增加。

4.4.2.2　卸围压

（1）应力-应变关系

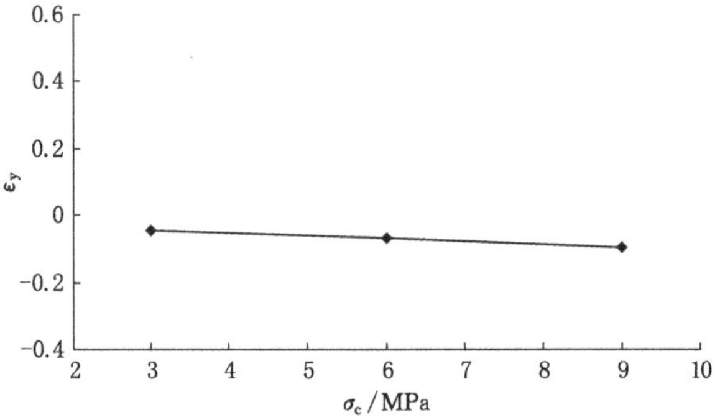

图 4-71　卸除轴压过程中先期固结压力-屈服变形关系曲线

图 4-72 为试验中较典型的应变-时间关系曲线，其余土样的试验曲线类似。可以看出：在卸除围压过程中，随着围压的减小，轴向应变随时间非线性增加，卸载初期应变速率较低，后期有较快增长。

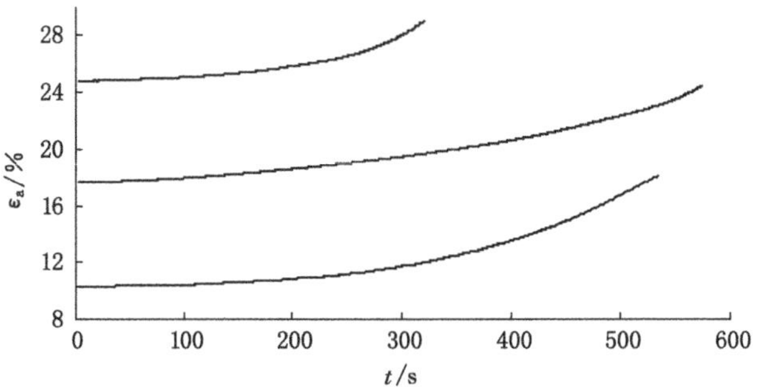

图 4-72　轴向应变-时间关系曲线

（初始固结压力从上到下分别为 9 MPa、6 MPa、3 MPa）

图 4-73 为典型的应力-应变关系曲线，土体的应力-应变关系曲线类似理想刚塑性应力-应变关系曲线，卸载时有明显的弹性变形恢复特征，卸载初期应变恢复稍慢而偏应力增大不多，接着不久应变增大速率很快，偏应力几乎不再增大，接近破坏。随着初始固结压力的增大，卸载初期的偏应力也相应增大，土体发生破坏时对应的轴向变形逐渐减小。

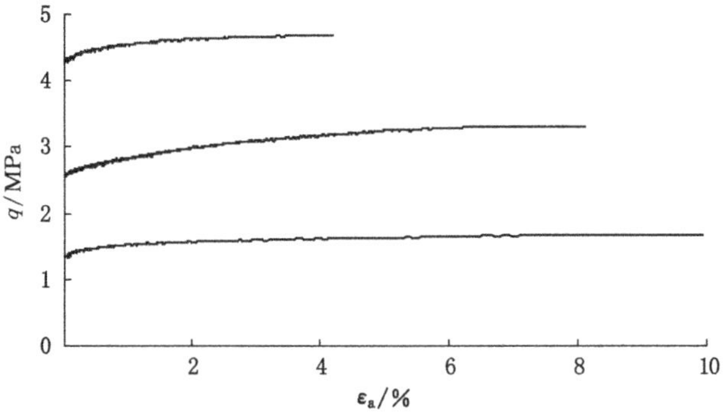

图 4-73　轴向应变-偏应力关系曲线

（初始固结压力从上到下分别为 9 MPa、6 MPa、3 MPa）

比较不同先期固结压力作用下卸轴压的偏应力-轴向应变关系曲线，可以看出曲线形状的相似性，也不难发现先期固结压力对应变的减小速率没有太大的影响。

拟合图 4-73 中的 p-ε_a 关系曲线，平均主应力与应变之间的关系式为 $p = a\varepsilon_a^2 + b\varepsilon_a + c$。式中参数 a、b、c 为与土物理力学性质相关的参数（图 4-74、图 4-75）。

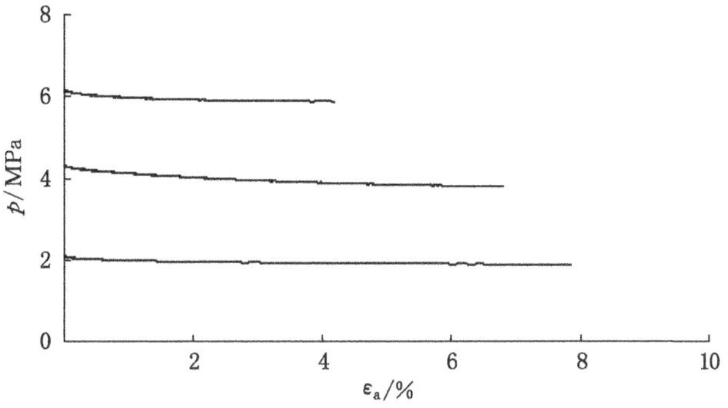

图 4-74　轴向应变-平均主应力关系曲线
（初始固结压力从上到下分别为 9 MPa、6 MPa、3 MPa）

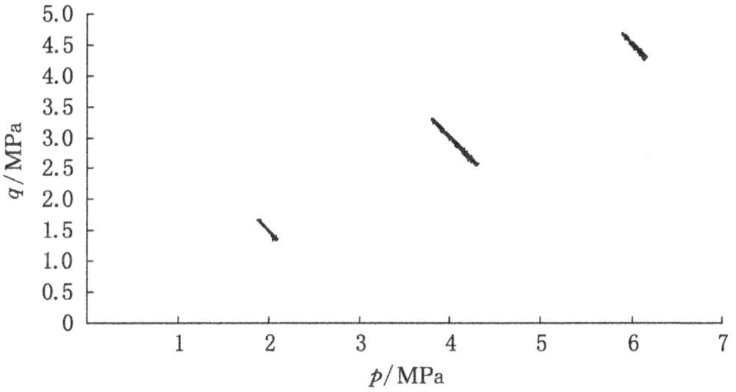

图 4-75　平均主应力-偏应力关系曲线
（初始固结压力从上到下分别为 9 MPa、6 MPa、3 MPa）

（2）卸载时屈服应力

由于图 4-75 所示曲线类似软黏土的流变曲线，于是取应力-应变关系曲线上的拐点所对应的偏应力作为卸载时的屈服应力。此点所对应的应变减去 K_0 固结后初始应变作为屈服变形，屈服变形总体上随先期固结压力的增大而增大。

图 4-76 与图 4-77 为屈服压力和屈服变形与围压的关系曲线，可以发现屈服应力 q_f 和屈服变形与围压 σ_3 都近似呈线性关系，可以用下列方程式近似描述：

$$\begin{cases} q_f = a\sigma_3 + b \\ \varepsilon_f = c\sigma_3 + d \end{cases} \tag{4-30}$$

式中，参数 a、b、c、d 与土的力学性质相关。

（3）屈服准则

莫尔强度理论是研究材料破坏的理论，所以又称为破坏理论，莫尔-库仑理论——最大剪应力理论，对砂土和黏土都较合适，而且使用该理论确定的强度具有一定的安全度，所以

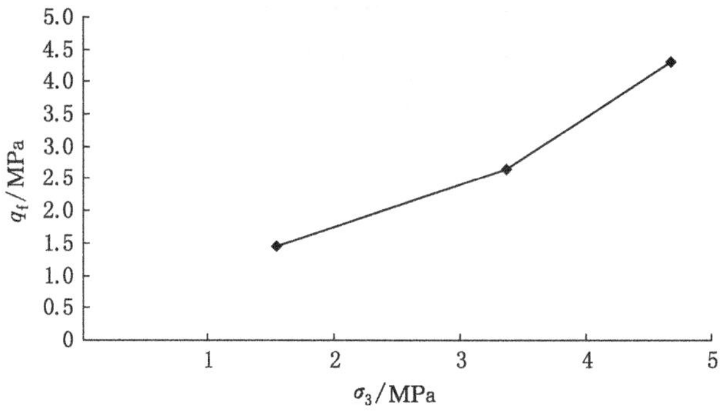

图 4-76　屈服应力-围压关系曲线

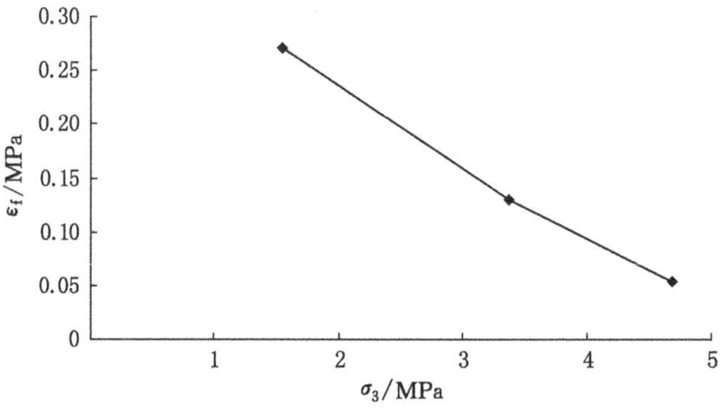

图 4-77　屈服变形-围压关系曲线

被长期广泛使用。该理论最早由库仑提出，是以最大剪应力作为材料开始破坏的量度，之后莫尔提出材料的破坏为剪切破坏，在破坏面上，法向应力 σ 与剪应力 τ_f 之间存在函数关系式 $\tau_f=f(\sigma)$，此时剪应力 τ_f 为抗剪强度。由于该函数关系式确定的曲线为莫尔破坏包络线，表示材料受不同应力 σ_1、σ_2、σ_3 作用达到极限状态时滑动面上 σ 与 τ_f 各点的轨迹。

从图 4-76 中屈服应力与围压的关系曲线可以看出屈服应力在坐标系中呈一条直线，所以可以看出它与莫尔-库仑准则一致。

4.5　卸载力学特性分析

4.5.1　应力水平影响分析

图 4-78 为 K_0 固结后不同固结压力下卸载过程中的平均主应力-偏应力关系曲线、K_0-最大主应力关系曲线、轴向应变-偏应力关系曲线。

由不同围压下的对比可以看出：在卸载过程中因最大主应力减小速率较最小主应力的减小速率大，发生主应力异向，K_0 值较固结时的大，卸载初期 K_0 值迅速增大，在卸载后期，K_0 值又迅速减小，卸载过程中发生剪缩。

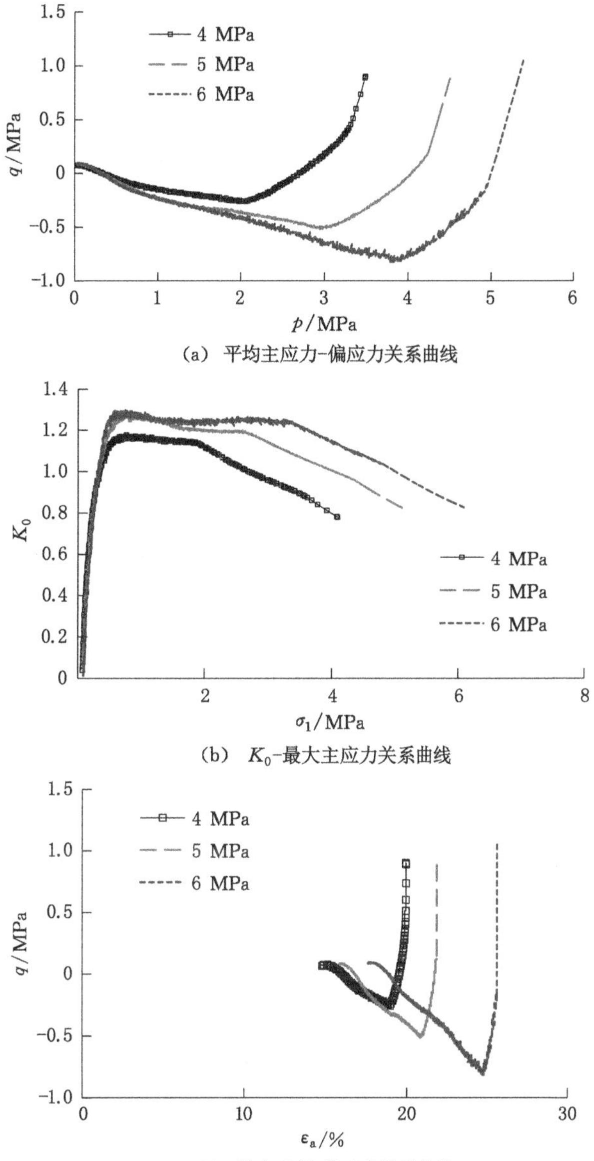

(a) 平均主应力-偏应力关系曲线

(b) K_0-最大主应力关系曲线

(c) 轴向应变-偏应力关系曲线

图 4-78　K_0固结后不同固结压力下的卸载过程

4.5.2　路径影响分析

图 4-79 为不同应力路径下的轴向应变-偏应力关系曲线、K_0-最大主应力关系曲线。通过对比可以看出卸除轴压过程中发生主应力异向，K_0值较固结时的大，卸载初期 K_0值迅速增大，卸载后期 K_0值又迅速减小，在卸除围压过程中 K_0值呈现下降趋势，先期固结压力对卸载时的 K_0值影响不大。与相应的 K_0固结过程相比，卸载时 K_0值接近固结时的值。

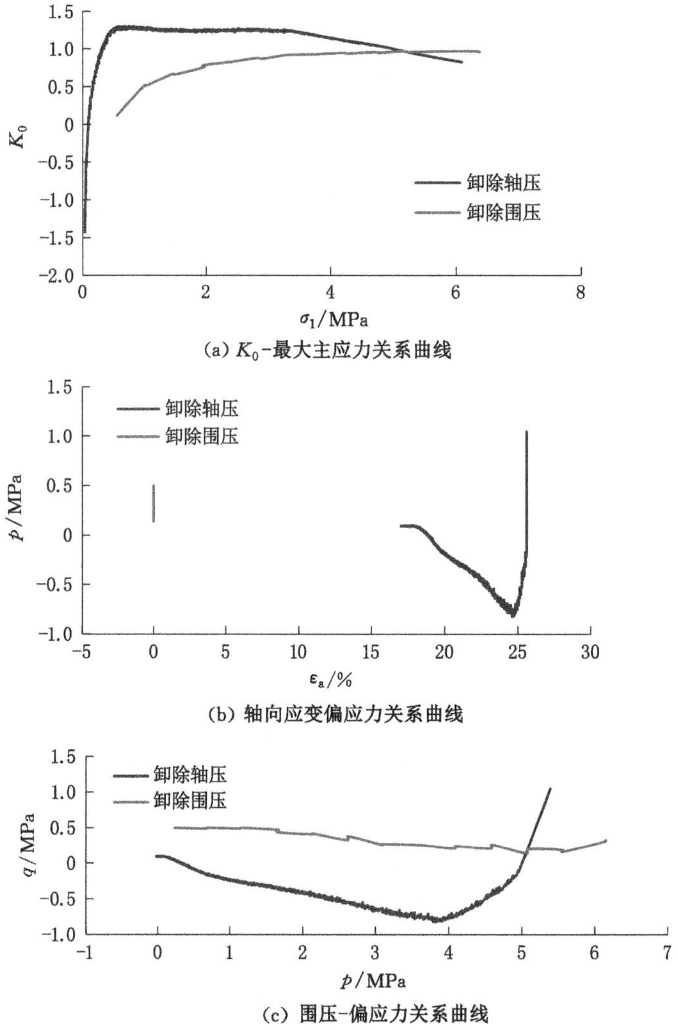

图 4-79　不同应力路径下 K_0 固结卸除轴压与卸除围压的对比

第 5 章　力学特性微观试验研究

5.1　一维固结微观试验研究

土体在压力作用下体积缩小的特性被称为压缩性，土颗粒和土中水的压缩量通常情况下是非常微小的，可以忽略不计，因此土体的压缩主要是指土中水和气所占体积的缩小，微观结构方面，则对应土颗粒的位置相互调整，重新排列，逐渐挤紧，土体孔隙减小。对于饱和土，土中孔隙体积的缩小等价于土中水所占体积的缩小，饱和土压缩全过程又被称为土的固结。

很多学者已经认识到结构性对原状土体压缩特性的影响，并认为该影响可能不亚于应力历史或初始孔隙比等对其的影响程度。大量研究结果表明：具有结构性的土的固结特性不同于重塑土或非结构性土，其一维固结曲线具有明显的转折点，这个转折点对应的应力即结构屈服应力。针对结构性土固结特性的研究对于力学性质较好且具有较强结构性的 Q_3 黏土至关重要。

5.1.1　试验装置与方法

第四纪晚更新世(Q_3)及以前沉积的黏土俗称老黏土，这种黏土沉积年代久，一般具有较高的强度和较低的压缩性，工程力学性质较好。Q_3 老黏土在我国中部、西南地区广泛分布，地铁、隧道往往需要穿越此地层，在高速公路、高速铁路的建设中也具有重要影响，因此受到工程界的关注。徐州地区分布有大量 Q_3 老黏土，颜色呈棕黄色到棕红色，多数呈硬塑状态，切面常有光泽反应，具有较高的干强度和较好的韧性，常含有包含物，如铁锰结核、砂浆、高岭土等。本书原状土样与重塑土样黏土均取自徐州。原状黏土样根据《建筑工程地质勘探与取样技术规程》(JGJ/T 87—2012)，采用薄壁取土器取得，测算其含水率、干密度、液塑限等基本力学参数，作为重塑土样的制样标准。测得的土体基本物理力学性质见表 5-1。

表 5-1　试验黏土基本物理力学性质指标

含水率	干密度/(g/cm^3)	相对密度	孔隙比	塑限	液限	塑性指数
28.3%	1.47	2.740	0.864	25.1%	46.8%	21.7

直剪仪测得的原状黏土的曲线如图 2-1 所示，测得黏聚力 $c=77.91$ kPa，$\varphi=16.9°$。试

验用徐州老黏土颗粒级配曲线如图 2-2 所示，测得不均匀系数 $C_u=12$，曲率系数 $C_c=0.75$，级配曲线连续平滑，级配良好。

使用中国矿业大学现代分析与计算中心的 Bruker QUANTAX400-10 型电制冷能谱仪对试验用黏土进行矿物成分分析。QUANTAX 是一种多功能能量色散型微分析系统，可配置在扫描电子显微镜、透射电子显微镜、电子探针以及双束 FIB 等分析仪器上，目前广泛应用于工业、教育、科研等领域。QUANTAX 400-10 型电制冷能谱仪配备了第五代超高分辨率 XFlash © 5010 系列无液氮 SDD 硅漂移探测器以及最新的 ESPRIT 软件系统，可为体材料、薄膜材料、抛光样品、粗糙样品以及颗粒样品提供精确的微区定性、定量分析数据。测试过程中通过高能电子束轰击样品获得一系列分析光谱从而确定其化学成分，分析结果如图 2-3 所示。

5.1.2 试验装置与试样制备

5.1.2.1 试验装置

一维固结试验在中国矿业大学深部岩土力学与地下工程国家重点实验室 GDG-4S 型三联高压固结仪上进行。该仪器可进行 30 cm^2 和 50 cm^2 两种面积的土样试验。试验中采用砝码进行加载，杠杆比有 24 ∶ 1 和 20 ∶ 1 两种。长、宽、高分别为 680 mm、800 m 和 1 000 mm，固结压力范围为 0.012 5～4 MPa。装置如图 2-15 所示。

5.1.2.2 试样制备

(1) 原状土样

原状土样采用环刀制备。将土样筒按标明的上、下方向放置，剥去筒外包裹的蜡封和胶带，开启土样筒取出原状土样。去除土样表面的残余泥浆等杂物，检查土样结构，若确定土样已经受到较大扰动或取土质量达不到要求，则舍弃该土。用钢丝锯截取土样中质量较好、土质相对均匀的无杂质部位 6～8 cm，作为环刀取样材料(图 2-9)。

在环刀内壁均匀涂抹一薄层凡士林，将环刀刃口向下平放在土样上，然后将环刀垂直下压，压至土样高出环刀约 1 cm，削去环刀外余土，用钢丝锯和切土刀整平环刀两端土体，将环刀外壁擦拭干净，称取环刀和环刀内土的总质量(图 2-10)。取余土用于测定含水率、液塑限等基本参数。

(2) 重塑土样

重塑土样采用击样法制备，即将根据环刀容积和要求干密度计算得到的一定质量的湿土倒入装有环刀的压样器，击实至所需要的密度。将现场取回的黏土掰碎，初步风干后在 105～110 ℃烘箱中烘干，然后用粉土机粉碎并通过孔径为 2 mm 的细筛。为避免粉土机破碎土粒，粉碎时间不宜较长。将过筛后的黏土密封在塑料袋中备用，测得风干含水率 $w_0=2.86\%$，根据烘干土含水率、干密度、试样体积等计算所需烘干黏土质量，将相应质量的黏土倒入装有环刀的击样器，击至规定高度。

根据试验要求的土量和含水率，制备试样所需要加水的质量应按式(2-2)计算。

称取一定质量的烘干土样平铺于搪瓷盘内，将所需质量的水均匀喷洒于土样上充分拌匀后装入盛土容器盖紧，润湿一昼夜。测定润湿土样不同位置处(不少于 2 点)的含水率，根据环刀容积和所需干密度，制样所需湿土量按式(2-3)计算。

对于制备好的原状和重塑环刀试样，还应采用真空抽气饱和的方法对试样进行饱和。在环刀样两侧粘贴润湿的滤纸，并加透水石固定，放入饱和缸，抽真空至－0.1 MPa 后继续抽气 2 h，后通入蒸馏水浸泡饱和，浸泡时间不低于 12 h。对于饱和后的试样，称取总质量计算饱和度，若饱和度低于 95%，则重复饱和。

5.1.3　试验方案

将饱和完成的原状土样和重塑环刀试样放到三联固结仪上进行一维固结试验。在固结容器内放好护环和透水石，然后将环刀试样装入护环，加放导环、透水石和加压帽，并将固结容器置于加压框架正中间，将加压帽与加压框架中心对准，避免产生偏心荷载，最后安装百分表获取试样的竖向位移。

固结过程按照《土工试验方法标准》(GB/T 50123－2019)对土样进行分级加载固结，即按照 25 kPa、50 kPa、100 kPa、200 kPa、400 kPa、800 kPa、1 600 kPa、3 200 kPa 的顺序进行加压，固结过程中每级荷载作用下固结稳定标准为竖向变形小于或等于 0.01 mm/h。固结过程中，用湿棉纱包裹试样周围以保湿，并定期向棉纱喷水保证棉纱和试样的湿度。

5.1.4　重塑土的一维固结曲线

重塑土的一维固结曲线如图 5-1 所示。由图 5-1 可知：随着固结压力的增大，土体孔隙比逐渐减小，土样逐渐压缩变形。在整个压缩过程中，曲线无明显拐点，压缩性较低，压缩指数无明显变化。

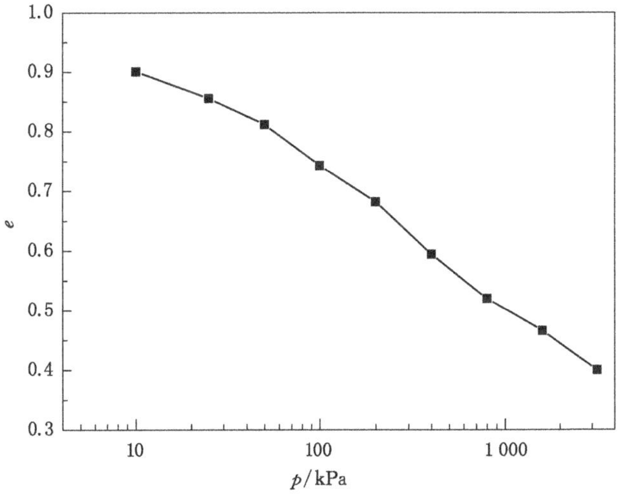

图 5-1　重塑黏土 e-p 关系曲线

根据试验结果计算了土体在一维固结过程中不同阶段的压缩指数，当竖向固结压力从 100 kPa 增大到 200 kPa 时，其压缩指数 $C_c = 0.21$，在 200 kPa 增大到 800 kPa 压力段，压缩指数出现了略微增大的现象，$C_c = 0.26$。随着固结压力的增大，土体内部结构应逐渐趋于密实，压缩性逐渐降低，但实际情况却是略有增大，这是因为在固结压力较小的情况下，重塑黏土的微观颗粒的排列和黏结也存在某种稳定性，也有人将其称为重塑黏土的次生结构性，当压力大于某一阶段，这种稳定状态被打破，颗粒破碎，颗粒间的黏结断开并产生相对位移，造成压缩性增大。在压力从 800 kPa 增大到 3 200 kPa 阶段，压缩指数 $C_c=0.19$。在上述前两个压力阶段，压缩指数均大于 0.2 且小于 0.4，属于中压缩性土，而在这个阶段，土体已经转变为低压缩性土。

5.1.5 原状土的一维固结曲线及现场原位试验

原状黏土的一维固结曲线如图 5-2 所示，可见图中曲线有明显拐点，在 $p=200$ kPa 后斜率发生了显著变化，前半段斜率较小，土样压缩性较弱，后半段压缩曲线斜率急剧增大，表征土样压缩性发生变化，与之前相比相对较大。

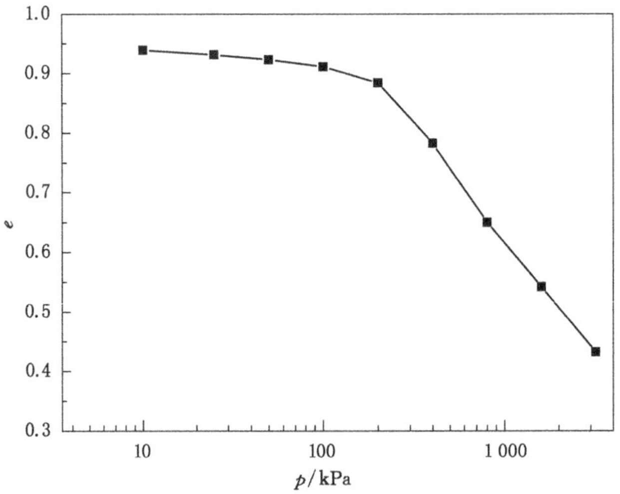

图 5-2 原状黏土 e-p 关系曲线

5.1.6 结构性对土固结性状的影响

5.1.6.1 结构屈服应力

对比原状黏土和重塑黏土的固结曲线，首先是曲线形态的不同，原状土的 e-lg p 曲线有明显的拐点，拐点之前曲线下降平缓，土体压缩性弱，拐点之后曲线出现陡降段，压缩性急剧增大，这个拐点对应的固结压力是土体的结构屈服应力。此点为土体保持其结构性的极限，超过这个应力，土体结构性将遭到破坏。在曲线位置上，重塑土压缩曲线位于原状土压缩曲线的下方，在结构屈服应力之后二者逐渐接近。大部分学者认为，当固结压力超过结构屈服应力时，原状土样的结构性逐渐减弱，压缩曲线最终与重塑土压缩曲线重合；洪振舜(2004)通过研究发现结构屈服后原状土的不排水强度性状与重塑土一样不再受到结构性的影响，认为当施加的应力大于结构屈服应力时，土的结构性影响会迅速完全消失。图中现象产生的原因是在结构屈服压力前原状土的压缩性远低于重塑土，因此当固结压力达到结构屈服应力时，原状土的孔隙比远高于重塑土，同样的固结压力下原状土的曲线位于重塑土的上方。结构屈服后没有结构性的影响，此时具有高孔隙比的原状土自然比具有低孔隙比的重塑土的压缩性强，曲线趋于重合(图 5-3)。

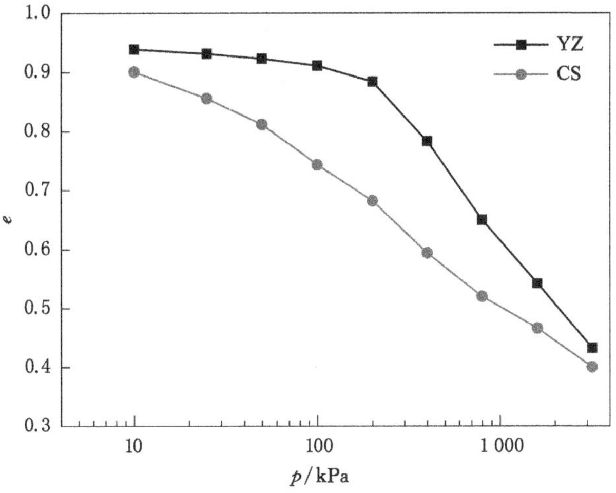

图 5-3　原状土与重塑土的压缩曲线

5.1.6.2　结构性对土体压缩指标的影响

通过对比原状土和重塑土的压缩固结曲线，发现原状土的压缩曲线可以归结为陡降型曲线，在结构屈服应力之前土样变形较小，固结压力大于结构屈服应力之后，土样变形急剧增大，出现陡降段，这是由于固结压力较小时土样结构性发挥了很好的承受压力和抵抗变形的作用。随着固结压力的增大，土体结构性逐渐遭到破坏，结构性减弱，其对土体力学特性的影响逐渐减小，导致原状土的压缩曲线逐渐接近重塑土的压缩曲线。另外，有研究预测：随着固结压力增大到一定程度，具有不同结构性的原状土的压缩曲线也将趋于重合，初始结构性的差异影响将几乎消失。

5.1.6.3　应力历史对一维固结影响评价

由图 5-4 可知：原状土的 e-p 曲线的最大曲率点难以断定或根据图形断定将存在较大误差，而且在固结屈服应力之后的直线段特征并不明显，Hong 和 Onitsuk (1998)指出大部

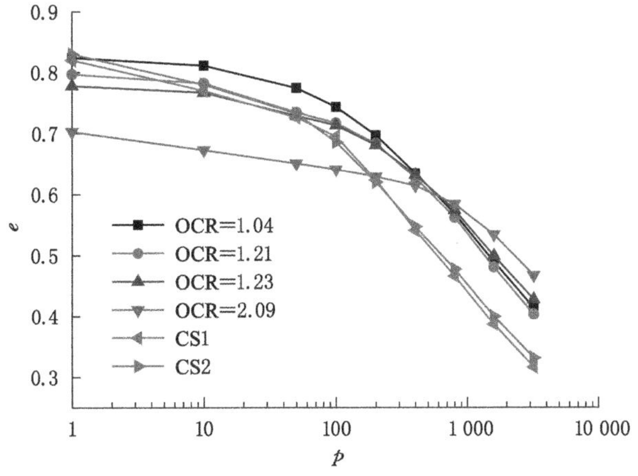

图 5-4　不同应力历史土样一维固结曲线

分天然沉积黏土的压缩曲线均具有此特征。因此,常用的先期固结压力确定方法卡萨格兰德(A. Cassagrande,1936)经验作图法存在较大误差。为对比应力历史对土体固结特性的影响,本书对不同固结状态的原状土和重塑土进行高压固结试验,得到具有代表性的典型的4组不同超固结比原状土和2组重塑土的高压固结曲线,如图5-4所示,并将4组原状土的相关物理力学参数统计于表5-2。

表 5-2 高压固结指标

组别	试样类型	超固结比	先期固结压力/kPa	压缩指数	压缩模量/MPa
1	原状	1.04	171	0.252	3.97
2	原状	1.21	377	0.239	8.95
3	原状	1.23	237	0.269	4.56
4	原状	2.09	659	0.169	13.79

对于超固结黏土,其历史上曾经受到的最大固结压力大于现有上覆土重,后由于流水或冰川等剥蚀作用上覆压力逐渐减小至当前水平,这一类土体已在相当大的前期固结压力作用下固结稳定,若受到的压力小于前期固结压力($P<P_c$),土体压缩性很弱;超过前期固结压力($P>P_c$)时,压缩性显著增大。然而研究发现:对于一些历史上正常固结的天然沉积黏土,也具有大于1的超固结比,这种现象是黏土的结构性造成的,这种情况下获得的超固结比与常规定义的由应力历史引起的超固结比有着本质区别。对于这种结构性黏土,应力历史无法对其压缩特性做出合理解释,必须用结构性理论加以理解。且试验数据显示:结构性黏土的结构屈服应力并不等于先期固结压力,而是比先期固结压力偏大,等于先期固结压力和由结构性产生的结构强度之和,结构强度和长期天然沉积过程中颗粒黏结处产生的黏结作用有关。

5.2 K_0固结微观试验研究

5.2.1 电镜扫描方案

为研究K_0固结过程中黏土的微结构形态变化,采用平行试验,对K_0固结三轴试验重塑黏土试样在K_0固结不同阶段进行微结构形态观测。为统一标准,观测样品制备均选取试样中部且中间靠近圆心部位土体,考虑K_0固结过程主要为竖向压密,观测面选择纵断面。观测面采用掰断法获取,其余各面用钢丝锯去除多余土体,制成约1 cm^3小块,用于电镜扫描。为了避免干燥引起的试样收缩,影响其微观结构,电镜扫描选用不需干燥样本的环境模式。微观形态参数的提取均选取放大倍数为1 200倍的图片进行处理。

5.2.2 SEM图像的定量分析

图5-5为重塑黏土未固结时的微观结构电镜扫描(SEM)图像。表5-3为其微观结构参数提取的分析结果。一般扫描电镜拍摄得到的图像是无法直接用于进行土体微结构定量研

究的,需要根据图像情况进行一定的预处理,例如可以利用 Photoshop 等图片处理软件对图像进行除噪、增强、分割以及二值化等。其中二值化是对图像进行微观结构参数分析最常用也是最重要的准备工作,这是一种将灰度的 SEM 图像转化为黑白图像的方法。

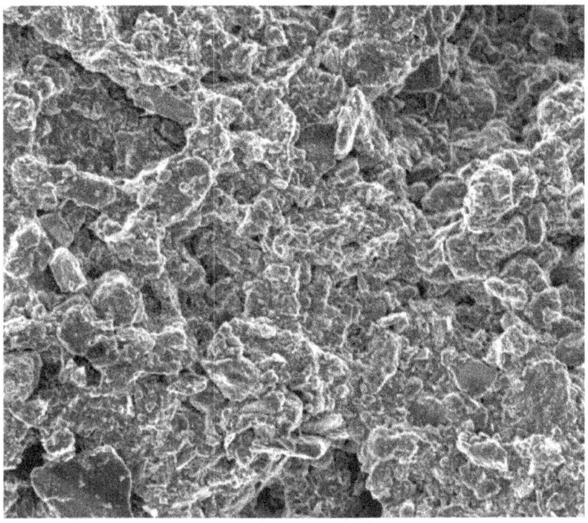

图 5-5　未固结重塑黏土 SEM 图像

表 5-3　未固结重塑土微观结构形态参数

研究对象	孔隙率	形状系数	扁平度	概率熵	分维数	相对直径
颗粒		0.403 1	0.566 1	0.996 3	1.395 0	0.030 5
孔隙	76.5%	0.427 7	0.587 2	0.998 1	1.265 7	0.044 1

图 5-6 为重塑黏土 K_0 固结至 $\varepsilon_a=5\%$时的微观结构电镜扫描图像。表 5-4 为其微观结构参数提取的分析结果。

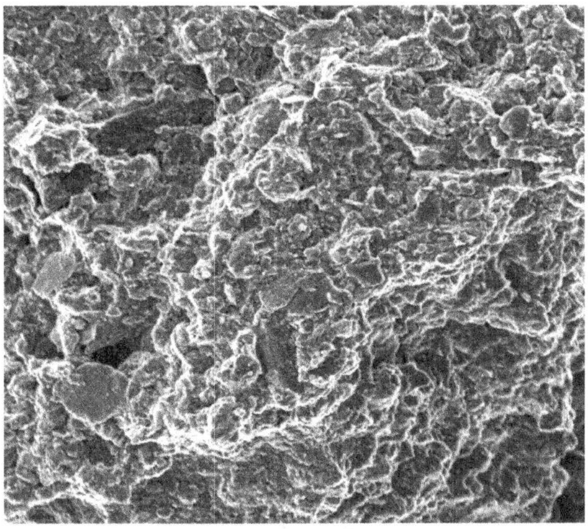

图 5-6　K_0 固结重塑黏土 SEM 图像($\varepsilon_a=5\%$)

表 5-4　K_0 固结重塑土微观结构形态参数(ε_a=5%)

研究对象	孔隙率	形状系数	扁平度	概率熵	分维数	相对直径
颗粒		0.397 3	0.557 1	0.993 2	1.377 3	0.030 0
孔隙	60.08%	0.428 0	0.589 9	0.992 0	1.252 6	0.040 4

图 5-7 为重塑黏土 K_0 固结至 ε_a=10%时的微观结构电镜扫描图像。表 5-5 为其微观结构参数提取的分析结果。

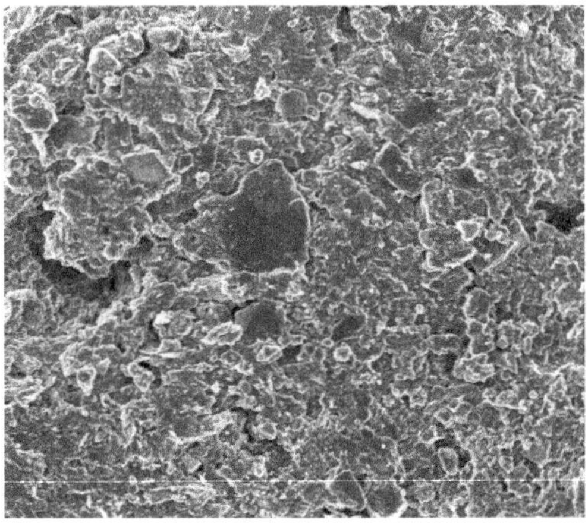

图 5-7　K_0 固结重塑黏土 SEM 图像(ε_a=10%)

表 5-5　K_0 固结重塑土微观结构形态参数(ε_a=10%)

研究对象	孔隙率	形状系数	扁平度	概率熵	分维数	相对直径
颗粒		0.388 1	0.540 2	0.981 9	1.330 2	0.031 1
孔隙	57.04%	0.433 5	0.584 5	0.976 6	1.266 0	0.032 5

图 5-8 为重塑黏土 K_0 固结至 ε_a=15%时的微观结构电镜扫描图像。表 5-6 为其微观结构参数提取的分析结果。

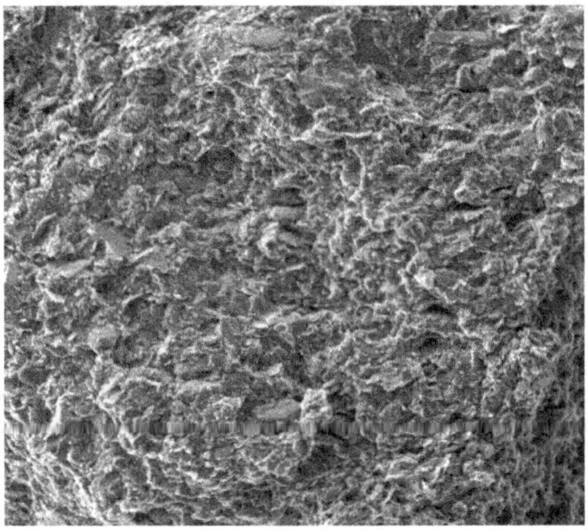

图 5-8　K_0 固结重塑黏土 SEM 图像(ε_a=15%)

表 5-6　K_0 固结重塑土微观结构形态参数（$\varepsilon_a=15\%$）

研究对象	孔隙率	形状系数	扁平度	概率熵	分维数	相对直径
颗粒		0.385 2	0.533 3	0.961 3	1.310 5	0.032 9
孔隙	51.95%	0.453 3	0.601 5	0.959 9	1.330 2	0.032 9

5.2.3　微观结构形态参数与轴向应变关系分析

为将微观结构形态中颗粒和孔隙的变化与试样 K_0 固结过程中宏观特性联系起来，得到微观结构形态参数随轴向应变发生的演变规律，对上文得到的结果进行整理，得到图 5-9 所示关系曲线，并对曲线进行分析。

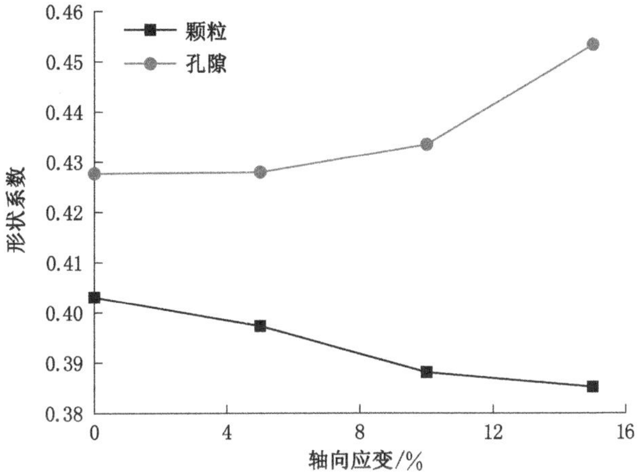

图 5-9　轴向应变-形状系数关系曲线

形状系数又称为圆度，随着 K_0 固结轴向应变的逐渐发展，颗粒和孔隙的形状系数变化规律并不相同：颗粒的形状系数随着应变的发展逐渐减小，而孔隙的形状系数则随着应变的发展逐渐增大，这是由颗粒和孔隙自身的变形性质决定的。重塑黏土在制样完成时，颗粒形状和排列较为规整浑圆，形状系数较大，而随着固结荷载的增大，土体发生压缩变形，颗粒的空间排列趋于紧密，导致不断有形状规整的分散小颗粒不断聚合成形状不规则的大团聚体，同时在 K_0 固结过程中，随着颗粒的挤密作用，形成的大团聚体之间发生挤压变形，土结构单元体之间的接触关系也逐渐发生变化，慢慢向更为稳定的面-面接触状态转变，这个过程也对形状系数造成影响，最终导致土体颗粒所表现的形状系数减小。而在固结变形阶段，控制土体变形特性的主要因素为大孔隙，调整最先开始且最明显的也是大孔隙，大孔隙多数为集合物间孔隙或群间孔隙，初始形态一般较不规则，随着固结变形的发展，大孔隙逐渐在体积和形态上发生调整，形状趋于规整化，表现出形状系数增大。从颗粒和孔隙的整体曲线形态来看，孔隙的形状系数始终大于颗粒的形状系数，说明由于黏结团聚作用颗粒的圆度低于孔隙的。

形状系数也可以看作颗粒表面凹凸性的二维反映，颗粒表面凹凸性对土体渗透特性和抗剪强度均具有一定影响，而目前对于颗粒凹凸性的研究还未见可行研究手段，因此研究颗粒的形状系数对于研究颗粒的凹凸性的影响具有积极意义。

扁平度反映了颗粒或孔隙的狭长程度，颗粒和孔隙的扁平度随 K_0 固结轴向应变的变化情况如图 5-10 所示，表现出不同的规律，颗粒的扁平度随轴向应变的发展逐渐降低，颗粒形态趋于狭长；孔隙的扁平度随轴向应变的发展有增大的趋势，孔隙形态趋于浑圆，二者的变化在应变较小的时候表现较不明显，说明应变初期颗粒和孔隙在长短轴方向上的变化并不明显，直到外界压力达到某一值后，颗粒和孔隙的整体形态受到影响，颗粒短轴方向上的长度在固结过程中逐渐压缩，颗粒形态趋于狭长，扁平度降低，而颗粒间大孔隙增大，孔隙形态与扁平度呈正相关。

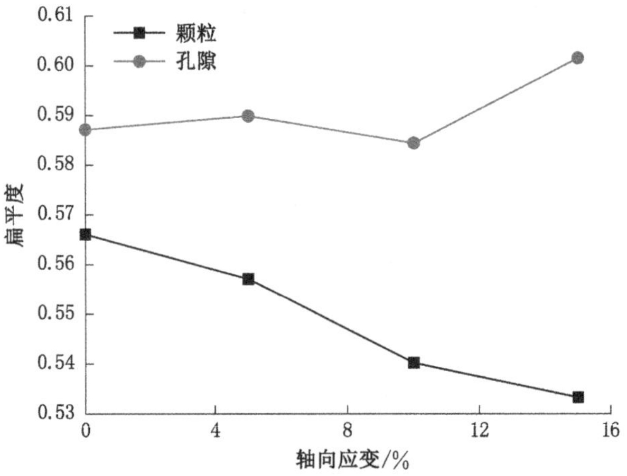

图 5-10　轴向应变-扁平度关系曲线

定向概率熵也称为定向度，是颗粒和孔隙排列的有序化程度的一种反映，定向概率熵越大，说明土体颗粒或孔隙的排列越混乱，定向角分布越随机；反之，定向概率熵越小，说明土体颗粒或孔隙的排列越有序。从图 5-11 来看，随着 K_0 固结过程中轴向应变的增大，颗粒和孔隙的定向概率熵均呈现减小趋势，且二者减小规律表现出很好的一致性。重塑土体在初始条件下，由于土料充分粉碎且拌和均匀，内部结构随机分布，基本无特定定向性，因此其颗粒和孔隙的初始定向概率熵的值较大，几乎接近 1，随着 K_0 固结的进行，定向概率熵逐渐下降，颗粒和孔隙的排列长轴方向在外界荷载的迫使下发生转动，向着某种更适应外界荷载的定向趋势发展，长轴一般向垂直于压力方向发展。这一定向性的增强，将直接导致土体各向异性的增强，同时说明 K_0 固结过程不同于各向等压过程，是一个应力诱发各向异性的过程。

图 5-12 给出了土体颗粒和孔隙的分维数与 K_0 固结轴向应变的关系。颗粒分维数随着固结应变的增加而下降，而孔隙的分维数在轴向应变较小的时候变化不明显，至外界固结压力达到某一程度后开始增大，总体来看颗粒的分维数演变较孔隙规律性更好。在固结初期，土体内部颗粒分布混乱，凝聚力较小，排列疏松，土体颗粒的分维数较大，随着固结的进行，土体颗粒逐渐聚合、挤密，分布趋于紧凑，分维数减小；孔隙分维数在固结初期表现不明显，主要是由于孔隙的变化情况较为复杂，随着固结的进行，大孔隙可能分离成小孔隙，而同时小孔隙也可能合并为大孔隙，造成早期孔隙分维数变化不显著，但是整体孔隙分维数还是呈增大现象，说明固结后由于土体颗粒的压密使孔隙的分布分散。

K_0 固结过程中，颗粒和孔隙随轴向固结应变的变化关系如图 5-13 所示。颗粒在固结压力作用下主要发生小颗粒间的合并聚集，形成较大的颗粒团聚体，所表现出的颗粒相对直

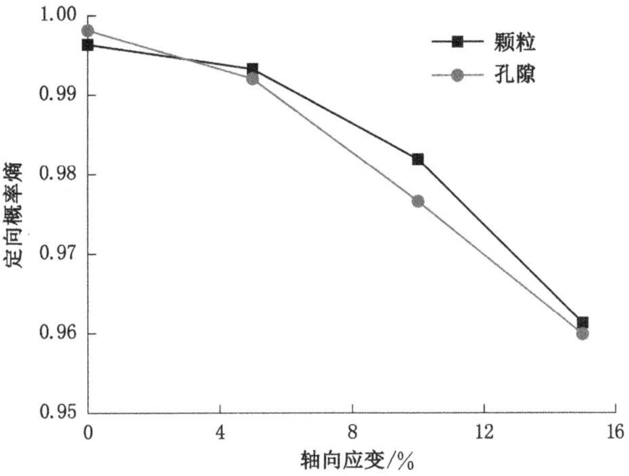

图 5-11　轴向应变-定向概率熵关系曲线

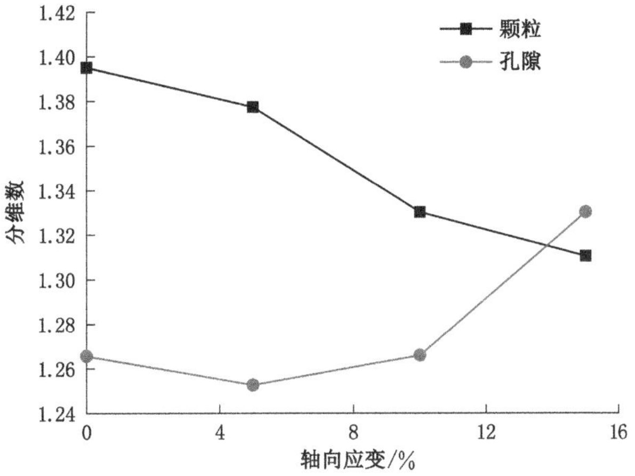

图 5-12　轴向应变-分维数的关系曲线

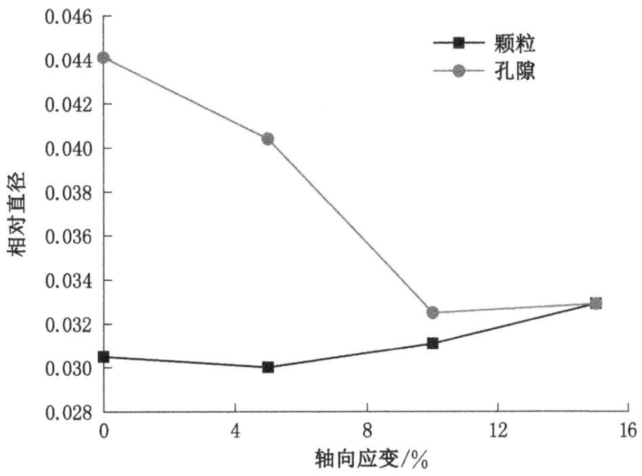

图 5-13　轴向应变-相对直径关系曲线

径增大。而孔隙则出现不同现象，受载初期，大孔隙最先发生显著变化，逐渐分离、压缩，随着固结的进行，大孔隙逐渐分离成小孔隙，粒间孔隙逐渐变化为团粒内部孔隙，同时小孔隙也逐渐合并为大孔隙，然而从整体来看，孔隙相对直径依然减小，说明随着土体的压缩固结，孔隙的孔径整体来说在减小。这与上文分析结论相吻合。

图 5-14 为固结过程中由 SEM 图像处理分析得到的孔隙比随应变的变化，可见孔隙比随着压缩固结逐渐减小，这与实际情况一致。值得指出的是，由 SEM 图像处理得到的像素孔隙比与传统三相图计算孔隙比存在差别，这里仅是一个相对值。

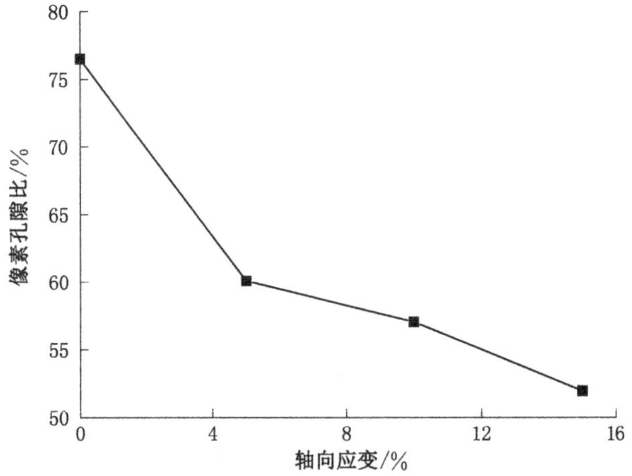

图 5-14　轴向应变-像素孔隙比关系曲线

为直观地说明 K_0 固结过程中土体应力诱发各向异性过程，表达颗粒和孔隙在固结过程中定向角的分布情况及其演变过程，对 K_0 固结不同阶段的颗粒和孔隙的定向角进行统计分析，并绘制成定向角分布玫瑰图，如图 5-15 和图 5-16 所示，以 15°为 1 个单位，在 0°～

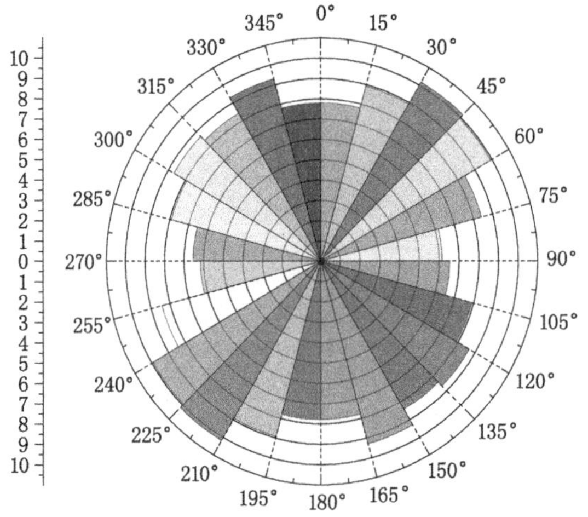

(a) $\varepsilon_a=5\%$

图 5-15　K_0 固结过程中土颗粒定向角玫瑰图

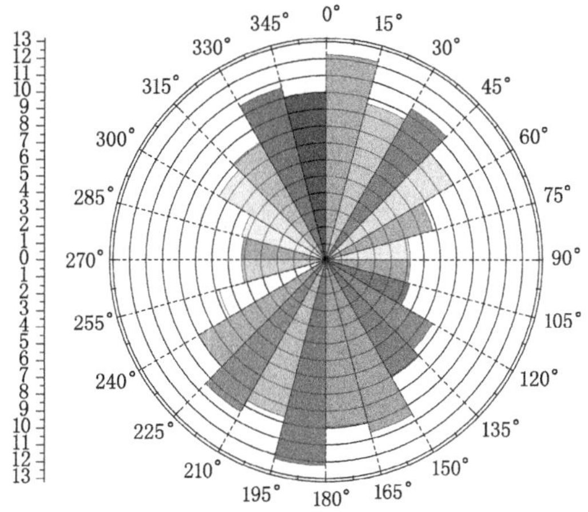

(b) $\varepsilon_a=10\%$

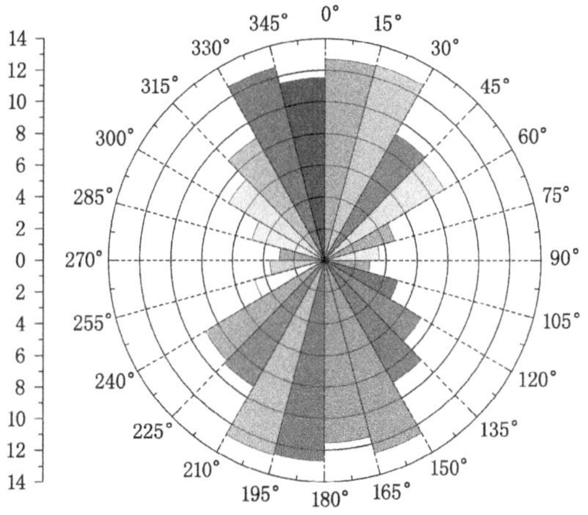

(c) $\varepsilon_a=15\%$

图 5-15 （续）

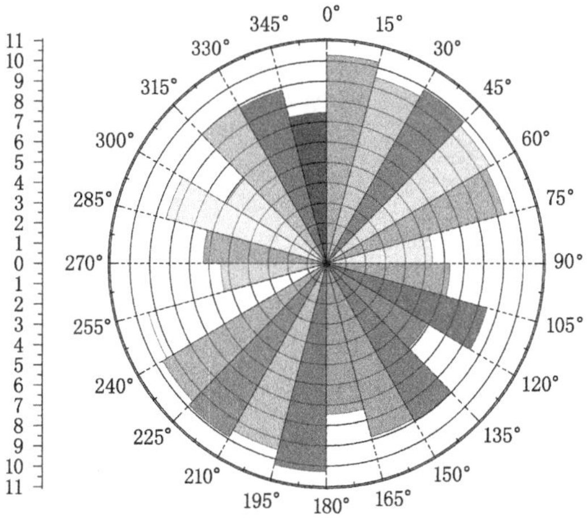

(a) $\varepsilon_a=5\%$

图 5-16　K_0 固结过程中土孔隙定向角玫瑰图

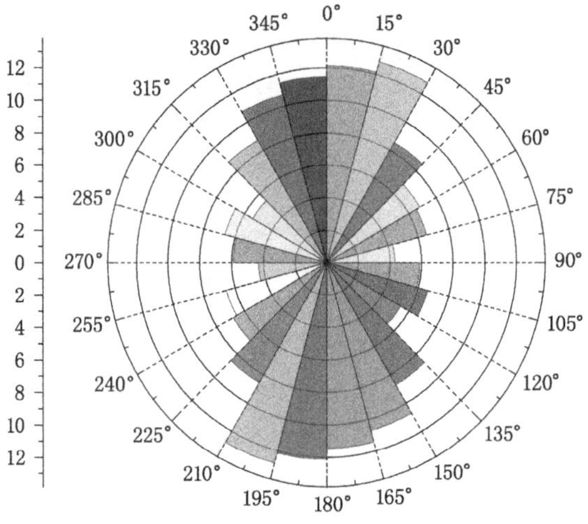

(b) ε_a=10%

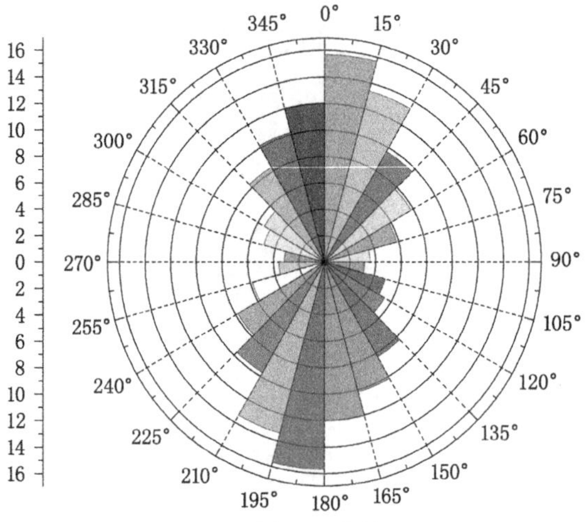

(c) ε_a=15%

图 5-16 （续）

180°范围内颗粒或孔隙的某一区间的百分数为量值进行画图，并假定在 180°～360°之间颗粒与前半圆区间镜像对称。

5.2.4 一维固结与 K_0 固结微观结构形态参数对比

为说明一维固结与 K_0 固结过程中土体内部微观结构演变规律的异同，此处对一维固结和 K_0 固结土样的微观结构图片进行简要对比，选用一维固结应变达到 15％时的试样进行电镜扫描，图片及分析结果分别见图 5-17 和表 5-7。

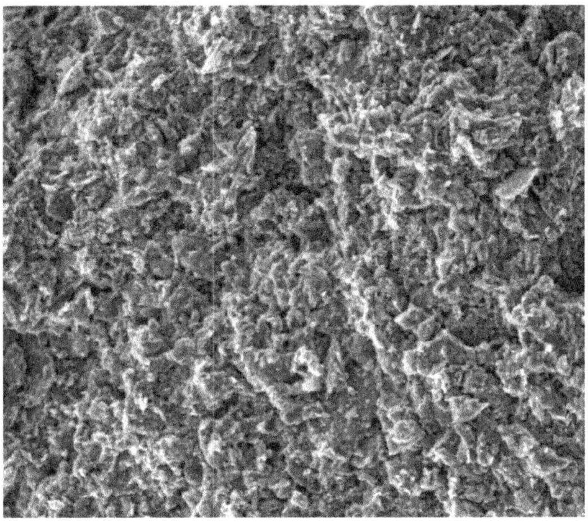

图 5-17　一维固结重塑黏土 SEM 图像($\varepsilon_a = 15\%$)

表 5-7　一维固结重塑黏土微观结构形态参数($\varepsilon_a = 15\%$)

研究对象	孔隙率/%	形状系数	扁平度	概率熵	分维数	相对直径
颗粒		0.424 3	0.575 5	0.988 8	1.343 5	0.035 8
孔隙	54.29	0.422 8	0.608 4	0.990 2	1.300 3	0.039 1

对比一维固结与 K_0 固结的微观结构形态参数，一维固结过程中颗粒的形状系数较大，扁平度较大，说明一维固结中颗粒的形态较 K_0 固结过程更规整浑圆，且在一维固结过程中土体颗粒和孔隙的形态特征较接近。从分维数数据来看，一维固结土体颗粒较分散，聚合程度低，而孔隙聚合程度较高。对比其定向概率熵的变化情况，发现一维固结过程颗粒和孔隙的定向概率熵远大于同应变下 K_0 固结的定向概率熵，其颗粒和孔隙的定向角玫瑰图如图 5-18 所示，可见一维固结过程并不具有 K_0 固结过程的应力诱发各向异性特性，表明了两

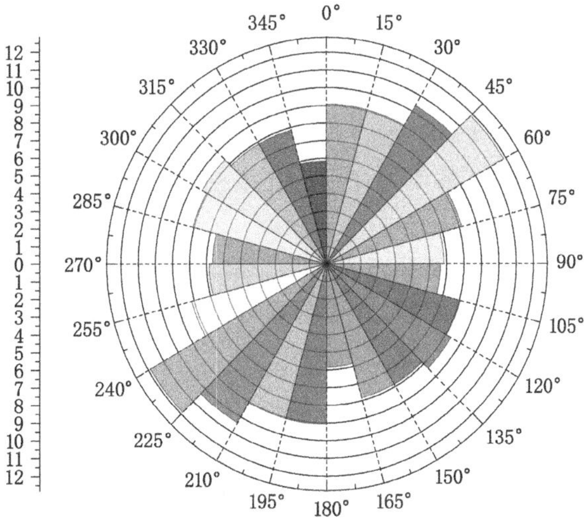

(a) 颗粒

图 5-18　一维固结过程定向角分布玫瑰图($\varepsilon_a = 15\%$)

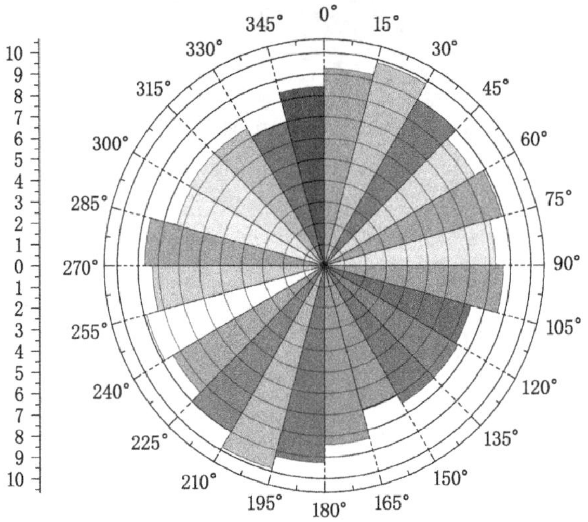

(b) 孔隙

图 5-18 （续）

种固结方式在土体内部结构特征上的相异性。

5.3 三轴剪切特性微观试验研究

5.3.1 电镜扫描方案

为研究黏土三轴剪切时微观结构的变化情况，本节选取部分三轴试验试样进行电镜扫描，扫描试样的获取依然采用平行试验方式，对第 3 章中三轴试验土样在剪切的不同阶段以及不同应力路径、不同固结压力下剪切完成的试样进行微观结构形态观测。观测样品制备均选取试样中部且中间靠近圆心处土体，为了观测到剪切面附近土体的变化，根据第 4 章中剪切面方位的统计结果，观测面角度选为与水平面夹角 60°，采用掰断法获取，其余各面用钢丝锯去除多余土体，制成约 1 cm^3 小块，用于电镜扫描。为避免干燥引起的试样收缩，影响其微观结构，电镜扫描选用不需干燥样本的环境模式。微观形态参数的提取均选取放大倍数为 1 200 倍图片进行处理。

三轴剪切试验中土样由于自身力学性质的影响，加上端部效应产生的误差，其变形复杂多变，精确到试样内部某一部位的变形难有规律可循，因此本节仅对三轴试验的少量试样进行电镜扫描并作简要分析。

5.3.2 SEM 图像的定量分析

图 5-19 为原状黏土未进行试验时的原始微观结构电镜扫描像片，表 5-8 为其微观结构参数提取的分析结果。

图 5-19　原状黏土 SEM 图像

表 5-8　原状黏土微观结构形态参数

研究对象	孔隙率	形状系数	扁平度	概率熵	分维数	相对直径
颗粒		0.392 4	0.527 6	0.981 3	1.284 9	0.064 7
孔隙	68.10%	0.433 8	0.536 1	0.954 3	1.205 2	0.079 2

图 5-20 为原状黏土在常规三轴压缩路径(CTC)试验过程中的微观结构电镜扫描像片，其前期 K_0 固结围压为 300 kPa，三轴剪切过程中产生的轴向应变为$\varepsilon_a=5\%$，表 5-9 为其微观结构参数提取的分析结果。

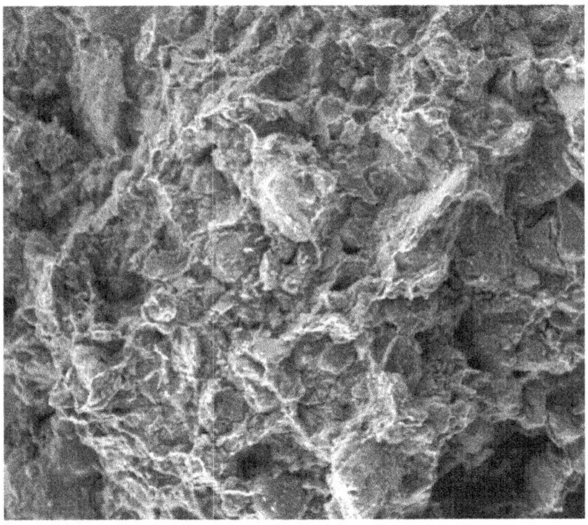

图 5-20　原状黏土常规三轴压缩路径 SEM 图像（$\sigma_c=300$ kPa，$\varepsilon_a=5\%$）

表 5-9　原状土常规三轴压缩路径微观结构形态参数($\sigma_c=300$ kPa，$\varepsilon_a=5\%$)

研究对象	孔隙率	形状系数	扁平度	概率熵	分维数	相对直径
颗粒		0.380 8	0.584 4	0.988 1	1.294 7	0.041 0
孔隙	50.68%	0.389 2	0.597 1	0.990 4	1.223 3	0.038 1

图 5-21 为原状黏土在常规三轴压缩路径(CTC)试验过程中的微观结构电镜扫描像片，其前期 K_0 固结围压为 300 kPa，三轴剪切过程中产生的轴向应变 $\varepsilon_a=15\%$，表 5-10 为其微观结构参数提取的分析结果。

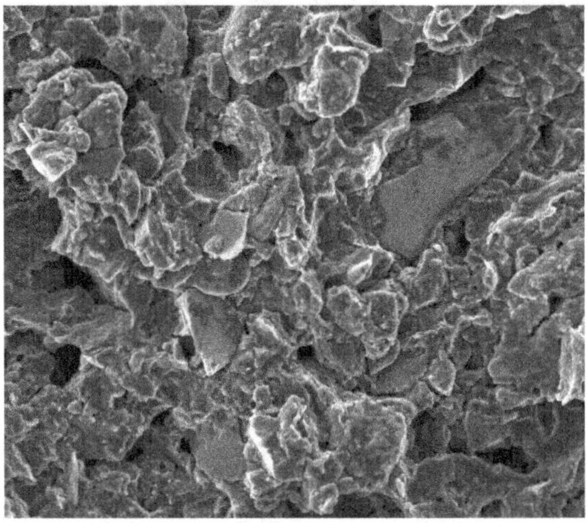

图 5-21 原状黏土常规三轴压缩路径 SEM 图像($\sigma_c=300$ kPa，$\varepsilon_a=15\%$)

表 5-10 原状黏土常规三轴压缩路径微观结构形态参数($\sigma_c=300$ kPa，$\varepsilon_a=15\%$)

研究对象	孔隙率	形状系数	扁平度	概率熵	分维数	相对直径
颗粒		0.392 0	0.528 2	0.984 7	1.331 0	0.040 6
孔隙	60.43%	0.405 0	0.586 0	0.985 3	1.231 6	0.046 6

图 5-22 为原状黏土在减压三轴压缩路径(RTC)试验过程中的微观结构电镜扫描像片，其前期 K_0 固结围压为 300 kPa，三轴剪切过程中产生的轴向应变 $\varepsilon_a=15\%$，表 5-11 为其微观结构参数提取的分析结果。

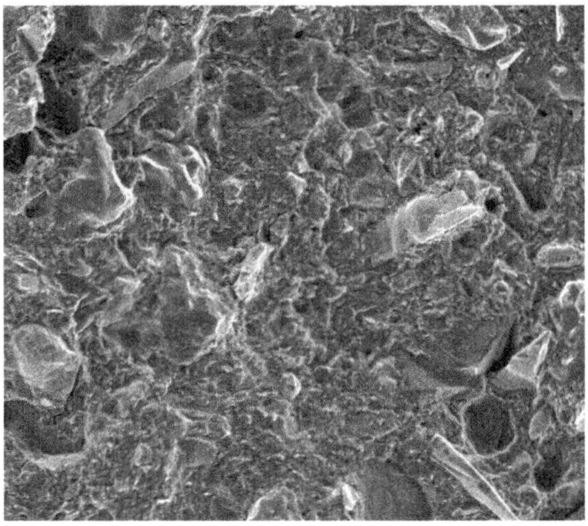

图 5-22 原状黏土减压三轴压缩路径 SEM 图像($\sigma_c=300$ kPa，$\varepsilon_a=15\%$)

表 5-11　原状黏土减压三轴压缩路径微观结构形态参数(σ_c=300 kPa,ε_a=15%)

研究对象	孔隙率	形状系数	扁平度	概率熵	分维数	相对直径
颗粒		0.375 4	0.547 7	0.984 7	1.293 0	0.034 8
孔隙	57.74%	0.413 6	0.598 5	0.986 6	1.250 4	0.033 5

图 5-23 为重塑黏土在等平均主应力路径(TC)试验过程中的微观结构电镜扫描像片，其前期 K_0 固结围压为 300 kPa，三轴剪切过程中产生的轴向应变 ε_a=15%，表 5-12 为其微观结构参数提取的分析结果。

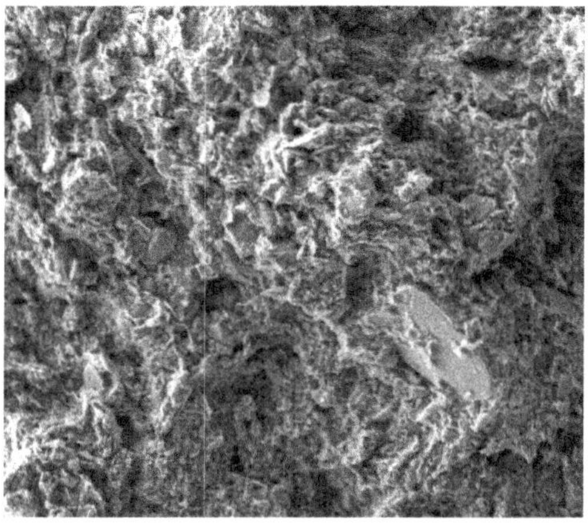

图 5-23　重塑黏土等平均应力路径 SEM 图像(σ_c=300 kPa,ε_a=15%)

表 5-12　重塑土等平均应力路径微观结构形态参数(σ_c=300 kPa,ε_a=15%)

研究对象	孔隙率	形状系数	扁平度	概率熵	分维数	相对直径
颗粒		0.400 1	0.568 6	0.988 7	1.318 1	0.041 7
孔隙	58.55%	0.421 3	0.603 1	0.986 3	1.286 6	0.042 8

图 5-24 为重塑黏土在等平均主应力路径(TC)试验过程中的微观结构电镜扫描像片，其前期 K_0 固结围压为 900 kPa，三轴剪切过程中产生的轴向应变 ε_a=15%，表 5-13 为其微

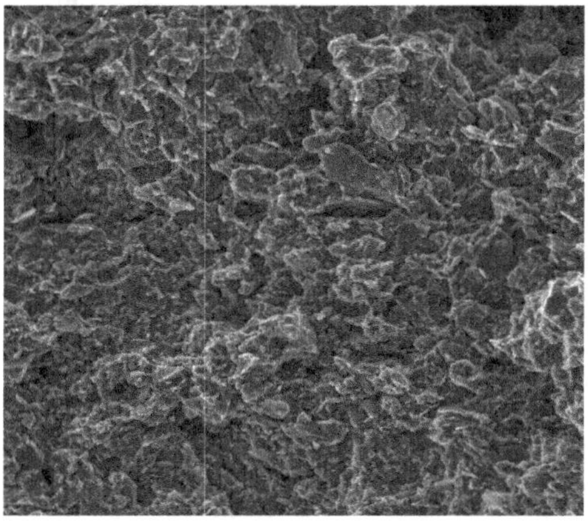

图 5-24　重塑黏土等平均应力路径 SEM 图像(σ_c=900 kPa,ε_a=15%)

观结构参数提取的分析结果。

表 5-13 重塑黏土等平均应力路径微观结构形态参数(σ_c=900 kPa,ε_a=15%)

研究对象	孔隙率	形状系数	扁平度	概率熵	分维数	相对直径
颗粒		0.404 6	0.541 7	0.971 0	1.361 5	0.018 4
孔隙	61.88%	0.443 3	0.579 4	0.971 1	1.270 6	0.031 1

5.3.3 黏土三轴试验微观结构形态参数对比分析

对于前期 K_0 固结围压为 300 kPa 的原状黏土,根据上文分析结果,并结合试验前的原始结构状态,对比其在常规三轴压缩路径(CTC)试验过程中的微观结构形态参数的变化情况,将各参数的变化曲线绘于图 5-25 中,其中应变ε_a=0 表示未进行试验的原状试样;在 300 kPa 的前期 K_0 固结围压下固结完成时应变 ε_a=6%,同时也意味着此时三轴剪切开始;应变 ε_a=11%=6%+5%,表示由三轴剪切引起的应变为 5%;应变 ε_a=21%=6%+15%,表示三轴剪切完成时的状态。

图 5-25 至图 5-29 给出了原状土样三轴试验过程中土体的微观结构形态变化。三轴试验过程,土体变形具有局部性,变形情况较复杂,因此规律性不及 K_0 固结试验。三轴试验中,颗粒和孔隙的形状系数变化规律较为一致,三轴试验开始时,试样在固结作用下颗粒和孔隙的形状系数有所降低,在剪切阶段受到剪应力的影响又回升。颗粒和孔隙的扁平度在固结作用下增大,而到剪切阶段又出现滑落,颗粒和孔隙的狭长程度提高。在颗粒和孔隙的定向性方面,根据数据显示,剪切过程会破坏土体的定向性,使其定向概率熵增大,这在剪切带附近更明显,剪切带附近土体颗粒间位置的调整移动较剧烈。原状土样剪切阶段颗粒和孔隙的分维数逐渐增大,且在整个过程中,颗粒分维数始终大于孔隙分维数。由原状土样初始状态的微观结构数据得出:原状土样与重塑土样的明显不同之处是颗粒和孔隙的大小,原状土样经历天然沉积固结,具有较强的结构性,一般呈蜂窝、凝块状结构,颗粒多以团聚体存在,因此颗粒和孔隙的相对直径较大,试验过程中原状土样具有较强结构性的团聚体逐渐出现

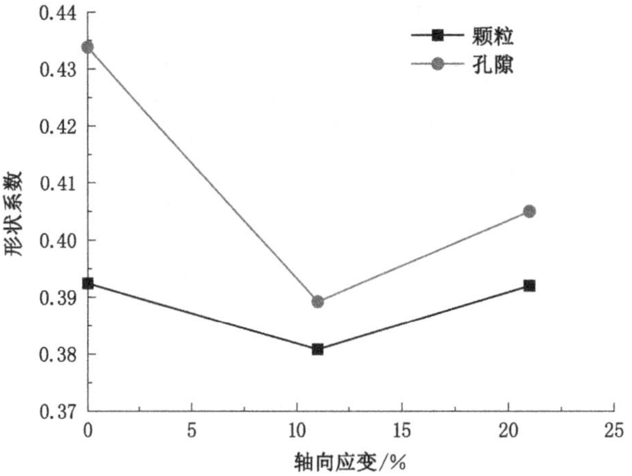

图 5-25 轴向应变-形状系数关系曲线(CTC,σ_c=300 kPa)

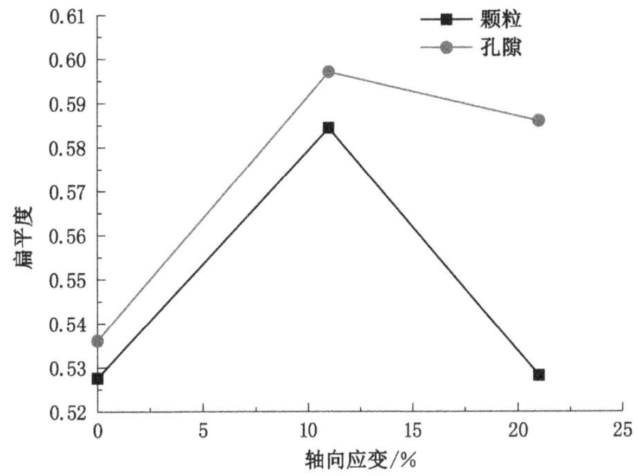

图 5-26　轴向应变-扁平度关系曲线(CTC,σ_c=300 kPa)

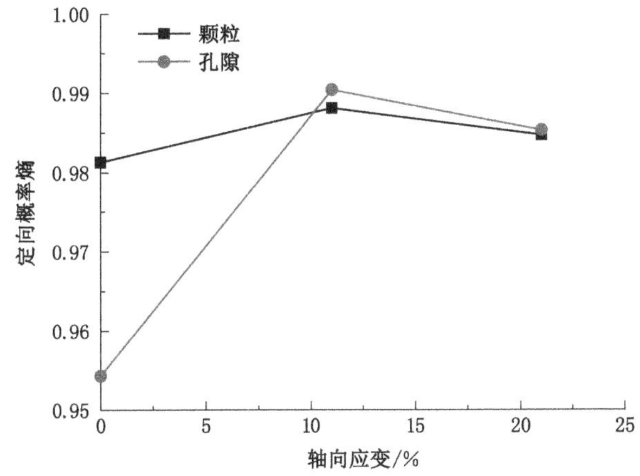

图 5-27　轴向应变-定向概率熵关系曲线(CTC,σ_c=300 kPa)

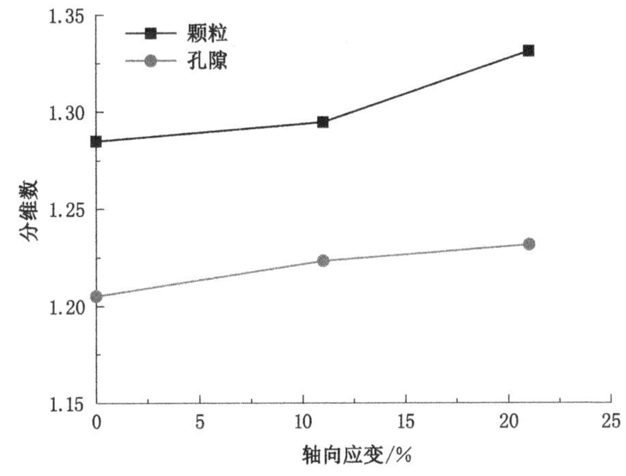

图 5-28　轴向应变-分维数关系曲线(CTC,σ_c=300 kPa)

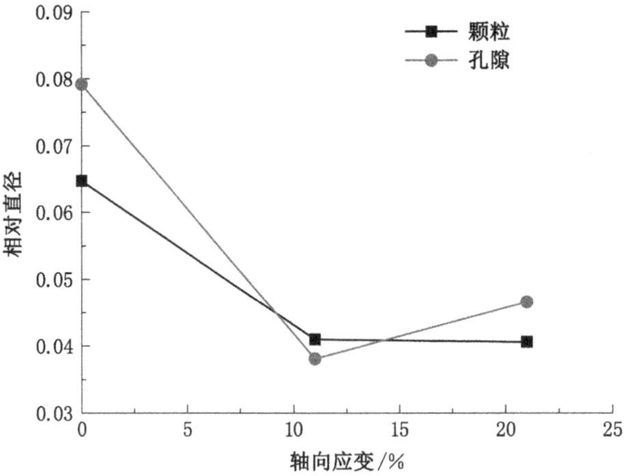

图 5-29　轴向应变-相对直径关系曲线(CTC,σ_c=300 kPa)

破坏、分散,导致其测得的相对直径减小,在剪切阶段颗粒和孔隙的相对直径已经变化很小。

为比较应力路径对黏土微观结构形态的影响,对于前期固结压力为 300 kPa 的原状黏土试样,将常规三轴压缩路径(CTC)和减压三轴压缩路径(RTC)三轴剪切完成(ε_a=15%)试样的电镜扫描结果进行对比,对比分析结果见表 5-14。

表 5-14　原状土样不同应力路径微观结构形态参数对比(σ_c=300 kPa,ε_a=15%)

研究对象	应力路径	孔隙率	形状系数	扁平度	概率熵	分维数	相对直径
颗粒	CTC		0.392 0	0.528 2	0.984 7	1.331 0	0.040 6
	RTC		0.375 4	0.547 7	0.984 7	1.293 0	0.034 8
孔隙	CTC	60.43%	0.405 0	0.586 0	0.985 3	1.231 6	0.046 6
	RTC	57.74%	0.413 6	0.598 5	0.986 6	1.250 4	0.033 5

为比较不同前期固结围压下黏土三轴剪切完成时微观结构形态的不同,对重塑黏土前期固结围压分别为 300 kPa 和 900 kPa 下的重塑黏土三轴剪切完成(ε_a=15%)试样的电镜扫描结果进行对比,应力路径为等平均应力路径(TC),分析结果见表 5-15。

表 5-15　原状土样不同固结压力微观结构形态参数对比(TC,ε_a=15%)

研究对象	固结围压/kPa	孔隙率	形状系数	扁平度	概率熵	分维数	相对直径
颗粒	300		0.400 1	0.568 6	0.988 7	1.318 1	0.041 7
	900		0.404 6	0.541 7	0.971 0	1.361 5	0.018 4
孔隙	300	58.55%	0.421 3	0.603 1	0.986 3	1.286 6	0.042 8
	900	61.88%	0.443 3	0.579 4	0.971 1	1.270 6	0.031 1

由表 5-14 和表 5-15 可以看出:不同应力路径和前期固结压力对土体剪切完成时剪切

带附近微观结构形态变化均具有不同程度的影响，其中应力路径对颗粒和孔隙分维数的影响较大，对定向概率熵的影响较小。而前期固结围压不同，对其颗粒和孔隙的扁平度、定向概率熵、分维数、相对直径的影响均十分显著，这可能是因为前期固结围压差距较大，两种围压下土体固结的微观结构状态存在较大差异。

5.4 结构性分析

5.4.1 原状土与重塑土的差异评价

5.4.1.1 K_0 固结试验

对比原状土和重塑土的 K_0 固结试验结果发现原状土和重塑土的 K_0 值存在不同的规律：原状土 K_0 固结过程中有效围压 σ_3' 和有效轴压 σ_1' 之间的关系为指数函数关系，从围压为 300 kPa 增大到围压为 900 kPa，K_0 值相应从 0.42 变化到 0.53；重塑土的 K_0 值为一定值，有效围压 σ_3' 和有效轴压 σ_1' 之间的关系为线性关系，$K_0 = 0.558$，然而固结后期当有效围压大于 800 kPa 时，试验数据偏离拟合直线，说明在高压下重塑土的 K_0 值不再是一个定值（图 5-30）。

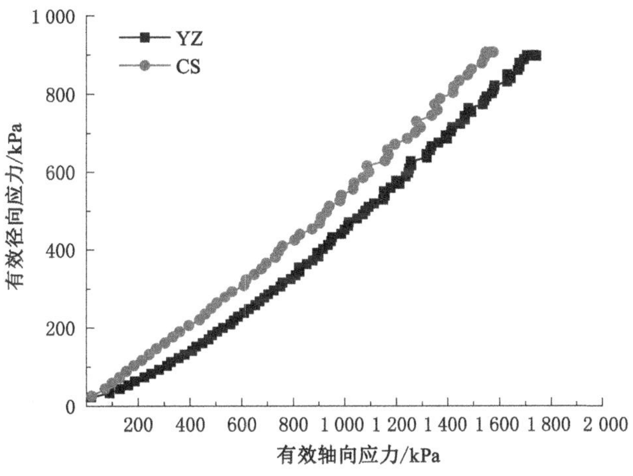

图 5-30 原状土与重塑土 K_0 固结试验结果对比

原状土的 K_0 值在围压低于 300 kPa 时较小，仅为 0.42，随着围压增大逐渐增大，这是原状土在天然沉积条件下形成的结构性造成的，结构性造成原状土各向异性，从而出现较小的 K_0 值。这个围压下土体的应力状态未达到先期固结压力水平，土体原始结构性保存完好，各向异性特征明显，同时可以解释相同的固结围压条件下为什么重塑土的 K_0 值大于原状土的。

5.4.1.2 三轴试验

图 5-31 和图 5-32 给出了不同应力路径和围压下的原状土和重塑土的应力-应变关系曲线，在曲线形态上，原状土和重塑土具有一定的共性，剪切过程中偏应力不断增大，而应变发

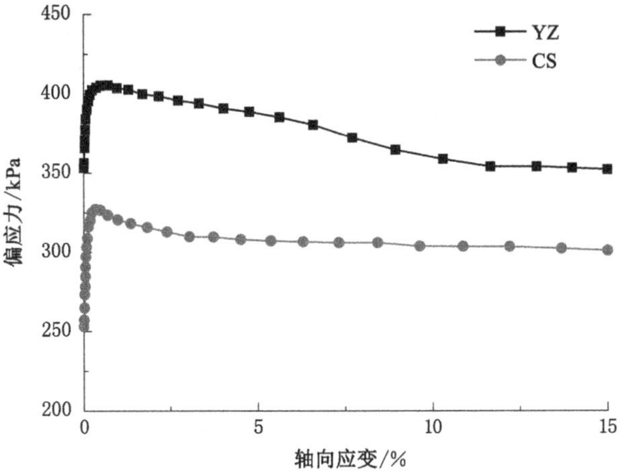

(a) 300 kPa

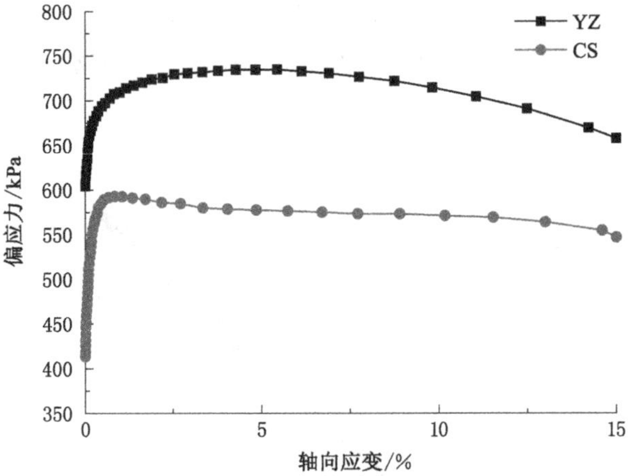

(b) 600 kPa

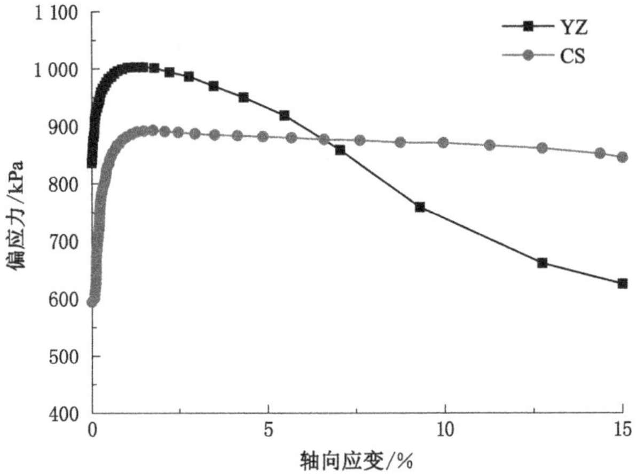

(c) 900 kPa

图 5-31 原状土与重塑土常规三轴压缩路径强度曲线

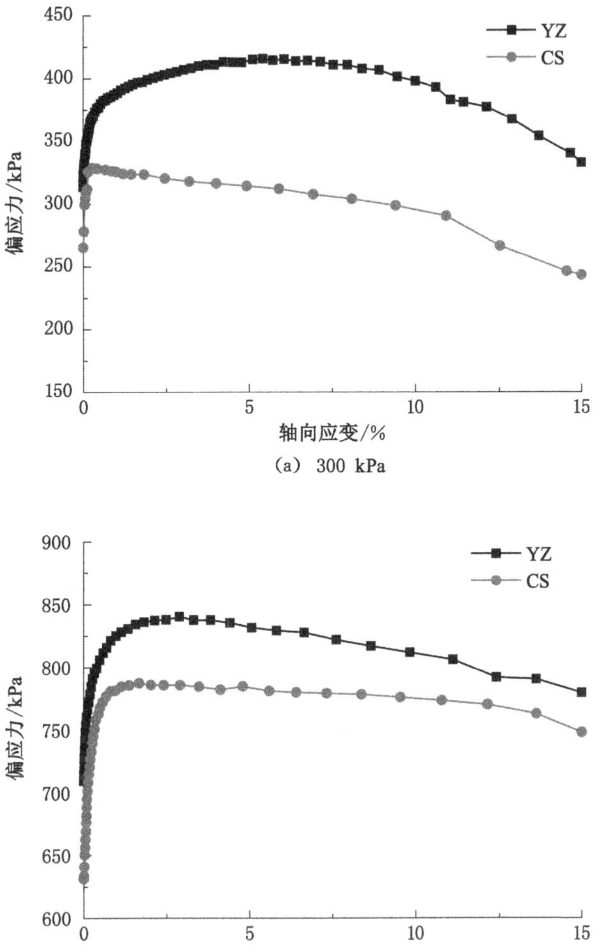

(a) 300 kPa

(b) 900 kPa

图 5-32　原状土与重塑土等平均主应力路径强度曲线

展缓慢,且在剪切开始后偏应力随应变先呈直线增大,达到某特定值后,应力-应变关系曲线弯折,直线段的尽头可作为该三轴剪切阶段试样的结构屈服应力,偏离直线后曲线继续上升直至峰值,即试样的屈服应力。试样屈服后原状土和重塑土均表现出一定的应变软化特征,原状土软化现象较为明显,而重塑土则呈现弱软化特点。

对图 5-31 和图 5-32 中各曲线的结构屈服点和强度屈服点进行细致统计分析,分析结果见表 5-16,其中,σ_0 为三轴试验开始时的偏应力值,此时三轴试验阶段没有应变,σ_p 和 ε_p 分别表示结构屈服应力和结构屈服应变,σ_s 和 ε_s 分别表示强度屈服应力和强度屈服应变。

表 5-16　三轴强度特征值统计表

应力路径	固结围压/kPa	试样	σ_0 /kPa	σ_p /kPa	σ_s /kPa	ε_p /%	ε_s /%
AC	300	原状	353.12	384.01	405.12	0.06	0.49
		重塑	253.24	308.79	327.09	0.10	0.34
	600	原状	604.07	653.47	734.64	0.10	5.44
		重塑	413.33	511.42	592.84	0.09	0.83
	900	原状	836.28	919.83	1 003.06	0.11	1.47
		重塑	594.23	790.72	892.98	0.31	1.74
AD	300	原状	313.72	350.00	415.67	0.11	5.42
		重塑	265.54	325.59	328.67	0.15	0.29
	900	原状	709.50	753.85	840.32	0.06	2.89
		重塑	631.49	726.94	787.35	0.20	1.67

在三轴试验过程中，原状土也表现出比重塑土更强的结构性和更高的强度，而更高的强度正是来源于原状土长期沉积过程中形成的结构性。当土样受到的应力小于土体的结构屈服应力时，原状土的不排水强度由两个部分构成：一部分是由土体的结构性产生的，施加应力为 0 的情况下，强度完全取决于土体结构性；另一部分来源于固结压力，固结压力带来的强度随着固结压力的增大而增大，而由于土体结构性产生的强度，随固结压力的增大最初缓慢降低，当固结压力大于结构屈服应力时逐渐消失。

在应力-应变关系中，固结压力对重塑土试样强度的影响大于对原状土试样的影响。重塑土试样的固结围压从 300 kPa 递增到 900 kPa，其屈服应力也近似以 300 kPa 的幅度增长，强度的提升幅度和围压的提升幅度呈线性关系，且不同固结压力下重塑土试样的试验曲线在形态上具有高度一致性，这是由于重塑土试样制样采用晒干粉碎的黏土颗粒，按照统一的制样方法，试样性质均匀，对后期固结过程或应力路径依赖性较强，而原状土试样由于取自天然土层，可能含有砂浆、碎石等软弱夹层或杂质，从而使土样力学性质受到影响(图 3-33、图 3-34)。

三轴剪切过程中，原状土试样和重塑土试样孔压的发展规律也表现出较大的差异性。观察原状土试样和重塑土试样的孔压随偏应力发展曲线发现：原状土试样表现为初期孔压增长较快而后期孔压下降，重塑土试样则呈现相反的规律，初期孔压累积缓慢而达到某一个值之后孔压急剧增大，初期的差异性是二者结构强度的不同造成的，原状土试样在加载初期试样骨架未产生变形，主要由超静孔压承受外界荷载，因此孔压增长较快，应变发展缓慢；后期的差异性主要来源于二者破坏方式的不同，原状土试样剪切完成出现明显的剪破面，试样发生错动，安装在试样底部的孔压传感器所测得的孔压发生了压力释放，而重塑土试样的破坏则为外鼓破坏，破坏后土样发生塑性流动，孔压持续增长。

5.4.2　破坏形态

原状土试样和重塑土试样在剪切破坏形态上有显著差别。目前岩土工程界越来越重视对土体剪切带的研究，土体的剪切破坏形态反映了土体的稳定性、强度、变形特性等。图 5-35 和图 5-36 为原状土试样和重塑土试样的典型破坏形态，原状土试样主要为剪切破

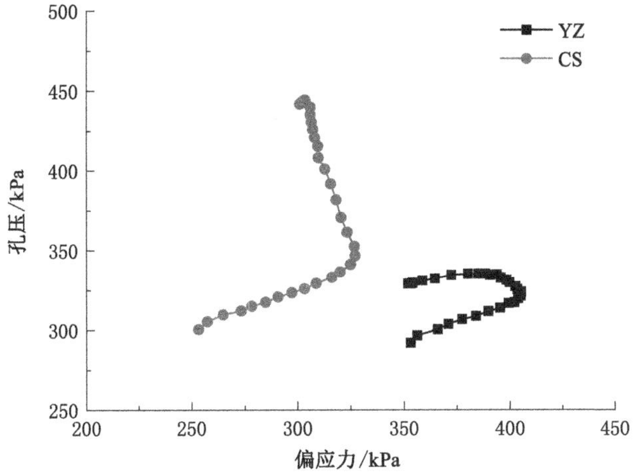

(a) 300 kPa

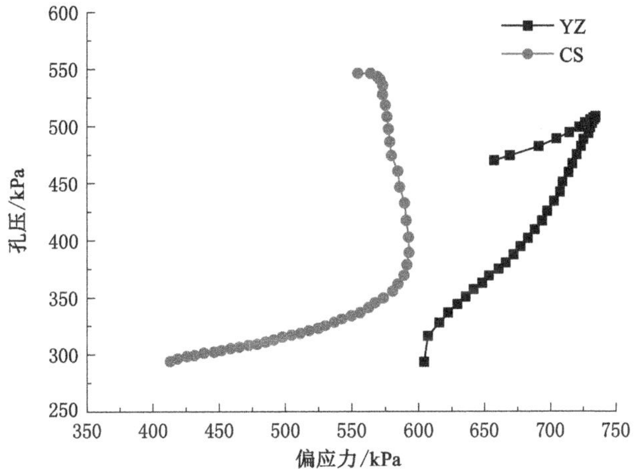

(b) 600 kPa

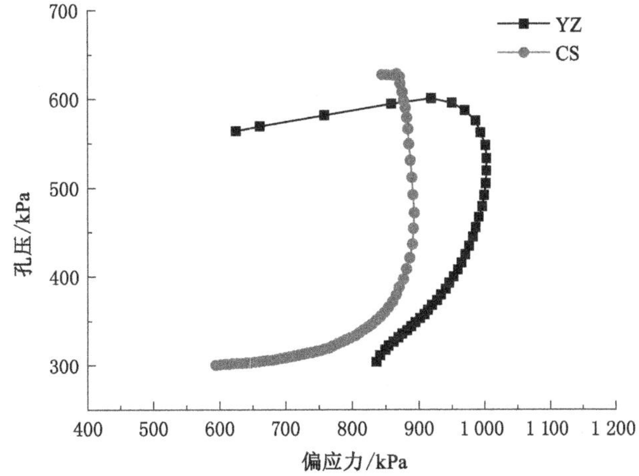

(c) 900 kPa

图 5-33　原状土试样与重塑土试样常规三轴压缩路径孔压曲线

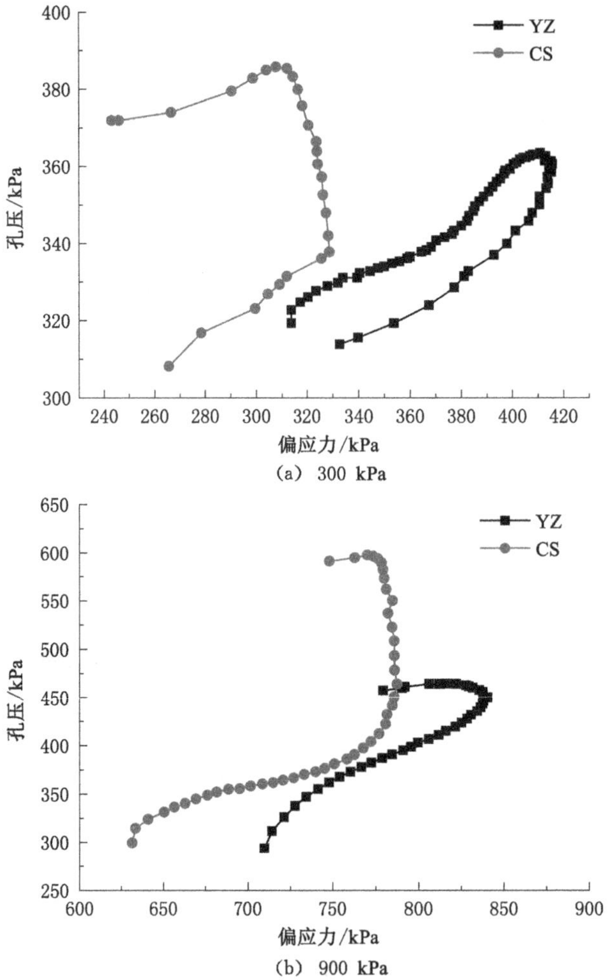

图 5-34 原状土试样与重塑土试样等平均主应力路径孔压曲线

坏，图 5-35(a)为固结围压为 900 kPa 下原状土试样的常规三轴压缩试验后照片，在较高的前期固结围压下试样剪切面上、下两个部分土体已发生明显错动并脱开，试样呈现出类似岩体的脆性破坏。图 5-35(b)为原状土试样在固结围压为 300 kPa 下的常规三轴压缩试验破坏照片，试样也出现了剪切破坏面，并且破坏面上部土体沿剪破面滑动，由于黏聚性，在剪切滑动面附近出现一系列细纹，在此剪切带附近土体颗粒及孔隙的定向度、孔(粒)径分布、各向异性率等微观结构参数已发生很大变化。图 5-35(a)和图 5-35(b)所示试样和最大主应力作用面的夹角大致相等，约为 60°，二者相差 5°以内，但是二者剪切面起始出现位置不同，图 5-35(a)出现在试样顶部，图 5-35(b)则出现在试样顶部以下约 1 cm 处。

重塑土试样试验完成后多表现为鼓胀破坏，如图 5-36 所示。试样在外部应力作用下发生压缩变形，若先期固结围压较大，图 5-36(a)为固结围压为 900 kPa 下三轴压缩试验照片，试样也表现出一定的剪切破坏形态，在试样上出现了剪切带，但剪切面上下土体并未发生明显相对位移，而是由一些连续的细纹构成。

原状土试样相对于重塑土试样更易发生剪切错动的原因如下：① 原状黏土具有较强的

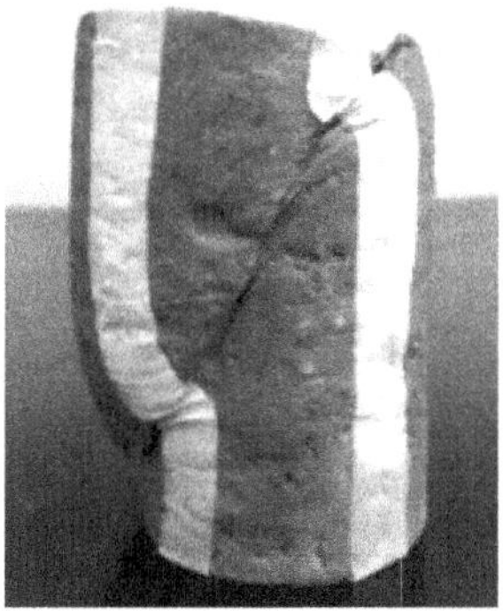

(a)　　(b)

图 5-35　原状土试样破坏形态

(a)　　(b)

图 5-36　重塑土试样破坏形态

结构强度，土体具有足够的结构强度被认为是剪切带形成的必要条件；② 原状黏土样内部的不均匀性诱发剪切带的发生，然后在黏聚力的作用下剪切带缓慢发展，最终导致剪切带完全形成；③ 在不排水剪切试验中，具有相对较高强度的原状土试样容易导致局部剪胀，在剪胀变形过程中剪切带附近土体与其产生一定的水力交换，导致剪胀特性诱发剪切带产生。

5.4.3　黏土的结构强度

5.4.3.1　结构性参数

谢定义(1999)构造了一种能同时反映土的排列和黏结特征的结构性定量参数，使土体结构性研究进入一个新天地，他指出：扰动、浸水和加载均可以使土的结构势充分释放出来。扰动能破坏土的黏结作用，使土颗粒间的黏结强度降低。浸水不仅可以使土中的化学物质溶解、弱化、吸力黏结丧失，同时水膜的楔入作用还可以使土所固有的胀缩势释放出来。加载既能改变土颗粒的黏结特征，又能改变土颗粒的排列方式。因此，通过对原状土、饱和土和重塑土进行室内侧限压缩试验，用扰动、浸水和加载的方式彻底破坏土的结构性，从而定义土的结构性参数为：

$$m_p = \frac{m_1}{m_2} = \frac{S_s/S_o}{S_o/S_r} = \frac{S_r S_s}{S_o^2} \tag{5-1}$$

式中 S_o、S_r 和 S_s ——原状土试样、重塑土试样和饱和土试样在某一压力 p 下的变形值。

骆亚生(2005)指出：假设在某一应变下，原状土试样的剪切应力为 q_o，重塑土试样的剪切应力为 q_r，饱和土的剪切应力为 q_s，则 q_o 与 q_r 之间的差别是由于扰动导致土结构黏结破坏所引起的强度损失，主要反映土的黏结特征，q_o 与 q_s 之间的差别是加水饱和导致土结构性破坏引起的强度损失，主要反映土的排列特征。骆亚生定义出针对不同应变的结构性参数：

$$m_\varepsilon = \frac{m_1}{m_2} = \frac{q_o/q_s}{q_r/q_o} = \frac{q_o^2}{q_r q_s} \tag{5-2}$$

邵生俊(2004)对原状黄土、饱和黄土以及相同含水率和干密度的重塑黄土进行室内三轴试验，根据得到的应力-应变关系曲线，运用释放结构势的方法，定义了用主应力差表示的结构性参数表达式：

$$m_\sigma = \frac{(\sigma_1 - \sigma_3)_y}{(\sigma_1 - \sigma_3)_r} \cdot \frac{(\sigma_1 - \sigma_3)_y}{(\sigma_1 - \sigma_3)_s} \tag{5-3}$$

陈存礼(2006)通过室内三轴剪切试验，利用同一应变下原状土的主应力差 $(\sigma_1 - \sigma_3)_y$ 与重塑饱和土样的主应力差 $(\sigma_1 - \sigma_3)_{rs}$ 的比值来反映土结构性所表现出来的综合结构势，由此定义的结构性参数表达式为：

$$m_\varepsilon = \frac{(\sigma_1 - \sigma_3)_y}{(\sigma_1 - \sigma_3)_{rs}} \tag{5-4}$$

谢定义等一些学者将结构性参数与土变形和强度联系起来，发现土的结构性参数对土的变形曲线有较好的归一化作用，骆亚生、邵生俊、陈存礼等把结构性定量化参数扩展到复杂应力状态下，通过室内三轴试验，利用应力-应变关系曲线定义了结构性参数，他们提出土的结构性定量化参数揭示了土结构性参数与轴向应变的密切关系，充分体现了土颗粒黏结的可稳性和颗粒排列的可变性。

本书参考前人研究成果，利用第 3 章中宏观三轴试验获取的试验数据，求取徐州地区老黏土的结构性参数，通过结构性参数来反映黏土的结构性。根据上文提到的结构性参数定义方法，鉴于本书土样为饱和土样，拟采用式(4-4)来计算土体结构性参数。

5.4.3.2 结构强度

土的结构强度是衡量土体结构性强弱的指标，是在土体形成过程中逐渐产生的，是土体结构固有的一种特性。结构强度可以用天然结构破坏时原状土与相应重塑土的应力差表示(孙明祥，2010)，即其天然结构破坏时所丧失的强度。这一结构强度取决于土体自身的性质，即土的组成、状态和结构，同时还取决于其当前所受的应力状态、外界环境和应力历史。研究土的结构强度对认识土的特性和指导工程实践具有重大意义。

5.4.3.3 基于宏观三轴试验的结构强度研究

图 5-37 是不同固结围压条件下由恒围压加轴压的常规三轴压缩应力路径得出的黏土结构强度曲线。由图 5-37 可知：在三轴剪切开始时，具有不同固结围压经历的土体表现出较大的结构强度，此时的结构强度是在土体的 K_0 固结阶段形成的，反映了 K_0 固结过程中黏土的结构性。原状黏土在天然沉积过程中形成了一种稳定的、具有特定规律的颗粒排列

和黏结方式，土体经受的固定的沉积方向和应力历史导致土体内部力学性质上的各向异性，而这种各向异性是没有结构性的重塑土所不具备的，因此在 K_0 固结过程中，原状黏土的 K_0 值大于重塑土试样的，同时由于二者具有相同的围压，从而导致 K_0 固结结束即三轴剪切初始阶段原状黏土和重塑黏土的偏应力差值较大，表现出结构强度较大。

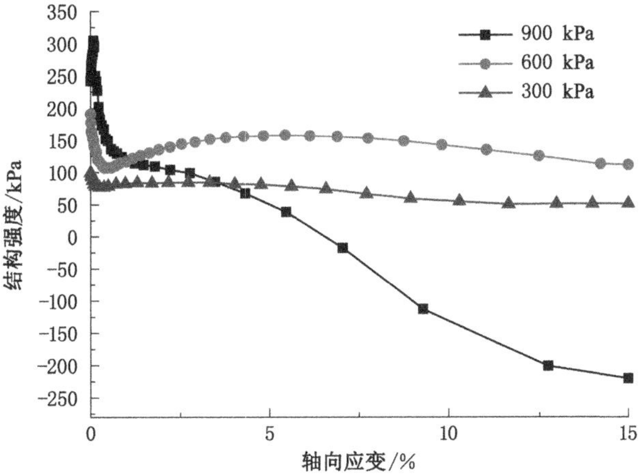

图 5-37　不同固结围压下的结构强度

三轴剪切开始后，三种固结围压下的结构强度均出现大幅度的持续性下降，这个阶段土体内部结构产生了新的变化，土颗粒受到剪应力并重新组合，部分土体颗粒出现相对错动、分散，偏离原来稳定的排列黏结方式，颗粒间黏结减弱甚至丧失，造成土体结构强度下降。随着偏应力和应变的进一步增大，土颗粒逐渐移动到一个相对稳定的位置，并逐渐被有效挤密，此时结构强度也保持在一个相对稳定的状态，结构强度曲线趋于平缓。

然而图 5-38 中，固结围压为 900 kPa 组试样结构强度曲线最后出现陡降段，似乎与上文分析规律不符，这是由于在较高的前期固结压力下，原状黏土具有更高的强度，在三轴剪切试验过程中，出现剪切错动，剪切面上下土体产生相对位移，导致所测位移迅速增大，偏应力急剧降低，此时的测试数据反映的已经不再是土样的整体性质，不可作为其力学性质指

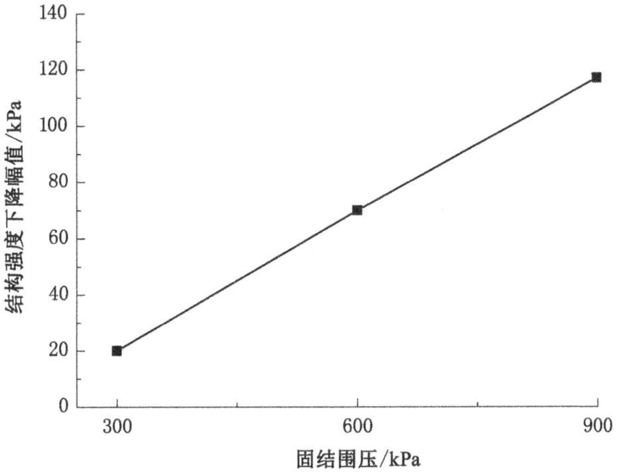

图 5-38　固结围压-结构强度下降幅值关系曲线

标。而对应 900 kPa 下重塑土样的三轴剪切试验，试样并未发生剪切破坏，后期应变和偏应力均为试样力学性质的体现，在应变发展较大时偏应力仍按照试样的强度规律发展，保持在相应水平，从而导致结构强度曲线后期出现陡降，甚至结构强度出现负值。

事实上我们主要关心的是土体在强度屈服前的结构强度的发挥情况，并且从上文分析知道强度屈服后，某些曲线反映的已不是试样的整体真实受力状况，因此这里对土体屈服前即结构强度曲线在小应变阶段的下降过程进一步讨论。剪切开始后至试样屈服期间，结构强度发挥曲线几乎呈直线下降，从曲线的下降幅度来看，前期固结围压为 900 kPa 组下降的幅值最大，固结围压为 600 kPa 组次之，固结围压为 300 kPa 组最小，三者的下降幅值比约为 11.7∶7∶2，固结围压与结构强度在试样屈服前的直线下降段之间的关系如图 5-39 所示，从剪切开始到试样屈服之间，结构强度呈直线下降，下降的幅值与前期固结压力之间具有很好的线性关系。从上述直线段的斜率来看，比较斜率的绝对值，则前期固结围压 900 kPa 组大于固结围压 600 kPa 组的，二者均大于固结围压 300 kPa 组的，说明结构强度的损失速率随着前期固结围压的增大而加快。

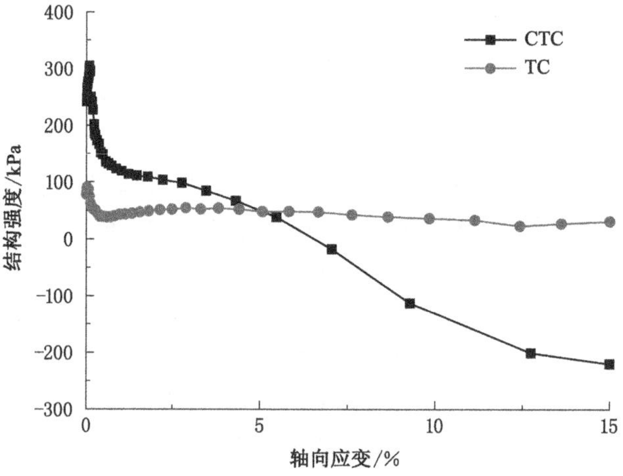

图 5-39　不同应力路径下结构强度(900 kPa)

图 5-39 是前期固结围压 900 kPa 条件下常规三轴压缩和等平均主应力路径的结构强度曲线的对比，不同应力路径下结构强度的发挥曲线和不同固结围压下的结构强度发挥曲线具有相似的规律，在三轴剪切开始后至试样发生屈服破坏，结构强度曲线出现持续的近似直线下降，说明在剪切过程中土体内部结构性逐渐遭到破坏，土体颗粒空间骨架调整位置，重新排列，直至完全破坏原有的结构状态，达到一种新的较稳定的平衡。由于较大的固结围压进行 K_0 固结后的土样破坏时应变发展较小，结构强度在较小应变下出现较大的下降，说明土体内部微观结构的破坏和调整并不一定会在宏观试样的应变上有较大体现(图 5-40)。

5.4.4　结构性 Q3 黏土的临界状态模型

结构性的定量化描述除了可采用上文讲述的利用损伤的概念建立原状土与重塑土强度或变形相应指标的差值或比值作为结构性参数，也可以采用基于微观描述结构的方法，即通过微观颗粒排列来建立模型。前者在建立结构性参数时不能考虑不同应力路径的影响，后者虽然

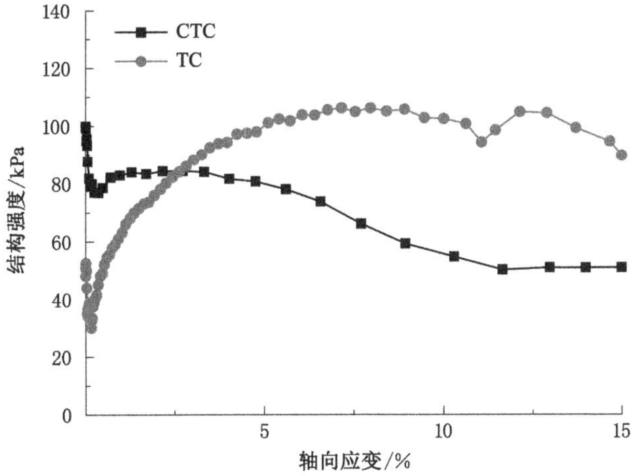

图 5-40　不同应力路径下的结构强度(300 kPa)

可以较好地解释土的微观结构特性，但是建立时只能对颗粒排列和形状进行简化，且参数不易确定，不利于工程应用。第 3 章中试验结果表明结构性土体在受力最终破坏时存在唯一的最终状态即临界状态的现象，下文将采用临界状态理论来描述结构性老黏土的力学特性。

5.4.4.1　临界状态理论

临界状态理论是由剑桥大学 Roscoe 等针对正常固结土和弱超固结土提出的(1958，1963，1968)。临界状态是指土体在剪切试验的大变形阶段最终趋向体积不变而剪应变还不断持续发展和流动的状态，是土体在受剪破坏时具有的唯一的最终状态。

在三轴试验条件下，通常用 p、q 来描述试样的有效应力状态，p、q 分别定义为：

$$p = \frac{1}{3}(\sigma_1 + 2\sigma_2) \tag{5-5}$$

$$q = (\sigma_1 - \sigma_3) \tag{5-6}$$

则临界状态可以表示为：

$$\frac{\partial p}{\partial \varepsilon_q} = \frac{\partial q}{\partial \varepsilon_q} = \frac{\partial e}{\partial \varepsilon_q} = 0 \tag{5-7}$$

式中，p,q,e,ε_q 分别为体积应力、剪切应力、孔隙比和剪切应变。

在三轴试验条件下，处于临界状态的这些常体积应力点形成一条斜率为 $M(\theta)$ 的直线，即临界状态线 CSL，如图 5-41 所示。

$$q = M(\theta)p \tag{5-8}$$

而临界状态线的斜率 $M(\theta)$ 有：

$$M(\theta) = \frac{2mM_c}{(1+m) - (1-m)\sin(3\theta)} \tag{5-9}$$

式中，m 为材料参数，表示偏应力平面内轴对称拉伸与轴对称压缩时临界状态线的斜率之比，即 $m = M_e/M_c$。为保证边界面的外凸性，参数 m 取值范围为 0.7～1.0；Lode 角 θ 与第二、三应力不变量 J_2 和 J_3 有关，且有：

$$\frac{-\pi}{6} \leqslant \theta = \frac{1}{3}\arcsin\frac{3\sqrt{3}J_3}{2J_2^{3/2}} \leqslant \frac{\pi}{6} \tag{5-10}$$

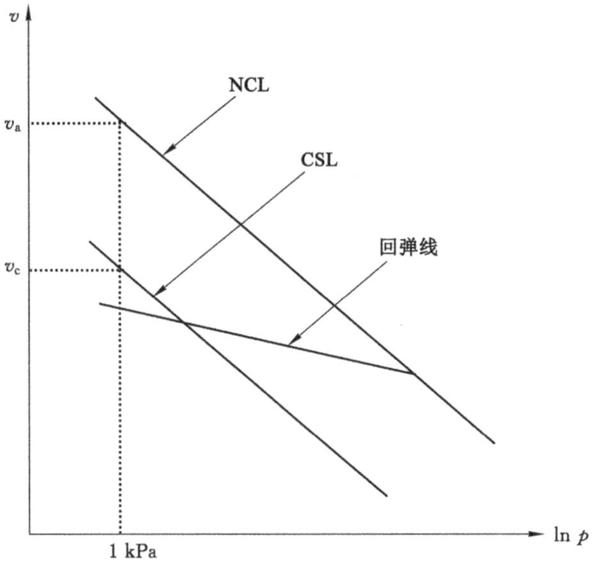

图 5-41　v-ln p 空间中正常固结曲线、回弹曲线、临界状态线的位置关系

在三轴试验条件下 $\theta=\pm 30°$，压缩时取正号，拉伸时取负号，M_c 为：

$$M_c = \frac{6\sin\varphi}{3-\sin\varphi} \tag{5-11}$$

式中，φ 为土体的内摩擦角。

正常固结土样在等向压缩情况下的变形过程沿着等向固结线 NCL 投影到 e-ln$p$ 平面上为一条斜率为 λ 的直线，如图 5-41 所示。若 $v=1+e$ 为比容，则等向压缩曲线的方程如下：

$$\nu = \nu_a - \lambda \ln p \tag{5-12}$$

式中，ν_a 为等向压缩线上 $p=1$ 时的比容。

如果忽略了滞回效应，试样的卸载再加载曲线投影到 ν-ln$p$ 平面上所得直线斜率为 κ。

$$\nu = \nu_\kappa - \kappa \ln p \tag{5-13}$$

式中，ν_κ 为卸载再加载线 $p=1$ 时的比容。

临界状态理论认为在 q-p-$e(\nu)$ 空间中存在唯一的状态边界面，如图 5-42 所示。土体所有可能的应力状态只能在状态边界面上或者该面以下，而不能超过它。且状态边界面的 v 或孔隙比 e 和外力 p 与 q 之间有唯一关系，即状态边界面与应力路径无关。

状态边界面与 e-p 平面交于初始等向固结线，与 q-p-e 空间交于临界状态线。应力状态只有在状态边界面上才有塑性变形发生，否则只产生弹性变形。在 q-p-e 空间中，卸载再加载曲线形成一个柱状的弹性墙，而弹性墙与状态边界面的交线在 q-p 平面上的投影即屈服面 $F(\sigma)=0$。

为了建立屈服轨迹的数学方程，首先假定塑性变形符合相关流动法则，即 $G(\sigma)=F(\sigma)$。记塑性体积应变和塑性剪应变分别为 ε_v^p 和 ε_s^p，运用塑性流动得到：

$$\begin{cases} d\varepsilon_v^p = L\dfrac{\partial F(\sigma)}{\partial p} \\ d\varepsilon_s^p = L\dfrac{\partial F(\sigma)}{\partial q} \end{cases} \tag{5-14}$$

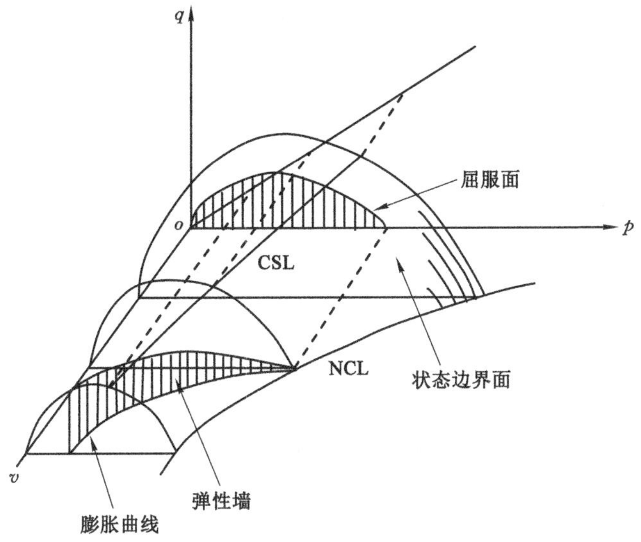

图 5-42　状态边界面

而应力点沿屈服轨迹运动有：

$$\mathrm{d}F(\sigma)=\frac{\partial F(\sigma)}{\partial p}\mathrm{d}p+\frac{\partial F(\sigma)}{\partial q}\mathrm{d}q=0 \tag{5-15}$$

将式(5-15)代入式(5-14)得到：

$$\frac{\mathrm{d}\varepsilon_v^p}{\mathrm{d}\varepsilon_s^p}=-\frac{\mathrm{d}q}{\mathrm{d}p} \tag{5-16}$$

其次，假定变形消耗的塑性功为：

$$\mathrm{d}W^{\mathrm{p}}=Mp\,\mathrm{d}\varepsilon_s^{\mathrm{p}} \tag{5-17}$$

而塑性功的一般形式为：

$$\mathrm{d}W^{\mathrm{p}}=p\mathrm{d}\varepsilon_v^{\mathrm{p}}+q\mathrm{d}\varepsilon_s^{\mathrm{p}} \tag{5-18}$$

联立式(5-17)和式(5-18)得：

$$\frac{\mathrm{d}\varepsilon_v^{\mathrm{p}}}{\mathrm{d}\varepsilon_s^{\mathrm{p}}}=M-\frac{q}{p} \tag{5-19}$$

将式(5-19)代入式(5-16)得：

$$\frac{\mathrm{d}q}{\mathrm{d}p}-\frac{q}{p}+M=0 \tag{5-20}$$

解此微分方程并利用 $q=0$ 时 $p=p_c$ 的条件，可得：

$$\frac{q}{Mp}+\ln p=\ln p_{\mathrm{c}} \tag{5-21}$$

式(5-21)即剑桥模型屈服面方程，相应的屈服轨迹为子弹形，如图 5-43 所示。

由于 $q=0$ 时剑桥模型屈服面存在一个奇异点，如图 5-44 所示，故其外法线方向不确定，即塑性应变方向不确定，从而为数值计算带来困难。另外，剑桥模型没有考虑屈服面内塑性剪切变形的存在。为了克服这两个问题，1968 年 Roscoe 和 Burland 对原始剑桥模型做了修正，主要是改变了塑性功假设，既考虑体积应力产生的塑性功，又考虑剪切应力产生的塑性功，将式(5-17)变为：

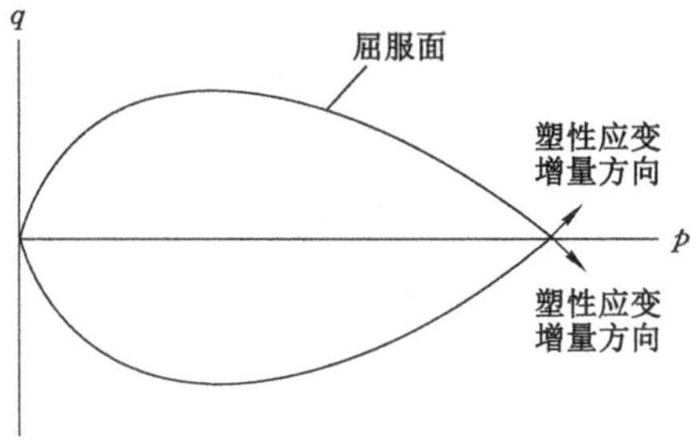

图 5-43　原始剑桥模型屈服面

$$dW^{p} = p\sqrt{(d\varepsilon_{v}^{p})^{2} + (Md\varepsilon_{s}^{p})^{2}} \tag{5-22}$$

然后采用与原始剑桥模型同样的推导方式可得：

$$\left(1 + \frac{q^{2}}{M^{2}p^{2}}\right)p = p_{c} \tag{5-23}$$

式(5-23)即修正剑桥模型的屈服面方程，相应的屈服轨迹为椭圆曲线，如图 5-44 所示。

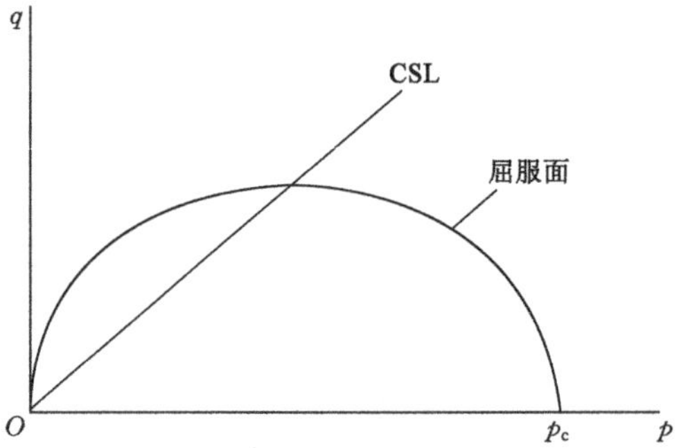

图 5-44　修正剑桥模型屈服面

为了使修正剑桥模型能更加灵活地描述土体的反应，后人将其屈服面形式推广如下，又称为扩展后的修正剑桥模型：

$$F = \left(\frac{p}{p_{c}}\right)^{2} + (R-1)^{2}\left[\frac{q}{M(\theta)p_{c}}\right]^{2} - \frac{2}{R}\frac{p}{p_{c}} + \frac{2-R}{R} = 0 \tag{5-24}$$

式中，p_c 为土的前期固结压力；$M(\theta)$ 为破坏线斜率；R 为椭圆形屈服面长短轴之比，对于正常固结土，取 $R=2$。

剑桥模型和修正剑桥模型采用等向的硬化法则：屈服面在随着塑性变形的扩张过程中形状不变，只是大小发生改变，且只与塑性体积应变相关，其硬化法则为：

$$p_{c} = p_{a} \cdot \exp\left(\frac{1+e_{a}}{\lambda - \kappa}\varepsilon_{v}^{p}\right) \tag{5-25}$$

式(5-25)即硬化规律。其中，p_a 为初始应力，不得为 0，若当前应力为 0，土体在历史上总受到过应力，则 p_a 为前期固结压力。在实际计算中有时将 p_a 取作大气压力，这是一种近似的处理方法。

5.4.4.2　结构性临界状态模型的建立

由于最初的临界状态理论是建立在重塑土试验基础上，并不适用于具有一定结构性的土。首先，天然黏土一般处于 K_0 固结状态，土体具有初始的结构性和各向异性，而剑桥模型和修正剑桥模型的屈服面是建立在各向同性的假设基础上，p-q 空间是对称于静水压力轴的，而且采用了各向同性的硬化法则，屈服面随着塑性应变的发展是等向向外扩张，与实际情况不符；其次由于应力引起结构损伤，具有结构性的土的屈服面会随着塑性变形的发展有收缩的趋势，而临界状态理论中的剑桥模型和修正剑桥模型所采用的硬化法则决定了屈服面的大小是随着塑性应变的增大而不断扩张的。

下文将以修正剑桥模型为基准，提出能够考虑土体结构性影响的临界状态模型。模型的建立主要从两个方面考虑，一是如何考虑初始结构性即 K_0 固结的影响，二是如何考虑随着应力作用结构的损伤规律。

(1) 初始结构性对屈服面的影响

Leroueil (1977)、Tavenas 和 Leroueil (1977)、Diaz-Rodriguez 和 Leroueil (1992)等通过试验研究得到天然黏土的初始屈服面形状与修正剑桥模型的理论屈服面有明显的不同，试验测得的屈服面并不是以静水压轴为轴线而基本以 K_0 线为轴线，并且屈服面与 K_0 线的交点对应的围压 p 的大小粗略等于初始固结压力 p_c，这说明 K_0 固结的作用导致土颗粒有特定的排列，这种特定排列使土的屈服面以 K_0 线为对称轴而不是静水压力轴。因此可以通过引入初始各向异性张量(Yue，2002)来反映 K_0 固结对土颗粒排列的影响，具体的张量形式见下文。

(2) 结构性参数的选取

结构性土由于受外力作用产生塑性应变，结构性逐渐丧失，刚度降低，由原状土逐渐向重塑土演化。因此，结构性参数是随着塑性变形的发生而演化的，Rouainia 和 Wood(2000)与魏星(2005)采用的参数 r 可作为结构性参数：

$$r = 1 + (r_0 - 1)\exp\left(\frac{-k\varepsilon_d}{\lambda - \kappa}\right) \tag{5-26}$$

式中，r_0 为初始结构参量，可利用上文计算得到的结构强度来计算，r_0 为天然结构破坏时原状土和重塑土的应力比值，这样可反映不同扰动程度原状土初始结构性的强弱。当 $r = 1.0$ 时，屈服面与扩展后的修正剑桥模型屈服面完全重合，土体的结构性完全破坏。k 为描述土的结构性随着塑性变形衰减的指数。相应的增量形式为：

$$\dot{r} = -(r-1)\frac{k}{(\lambda - \kappa)}\dot{\varepsilon}_d \tag{5-27}$$

式中，

$$\dot{\varepsilon}_d = [(1-B)(\dot{\varepsilon}_v^p)^2 + B(\dot{\varepsilon}_s^p)^2]^{\frac{1}{2}} \tag{5-28}$$

式中，k 为结构性衰减指数，反映结构性损失的速度；B 为一个无量纲标量参数；$\dot{\varepsilon}_s^p = [2/3(\dot{e}_{ij}^p \dot{e}_{ij}^p)]^{\frac{1}{2}}$，称为塑性偏应变率；$\dot{\varepsilon}_v^p = \dot{\varepsilon}_{kk}^p$，称为塑性体积应变率，若 B 减小到 0，那么结构性的破坏完全由塑性体积变形 $\dot{\varepsilon}_v^p$ 引起。而在三轴试验中，剪应变是占主导地位的，因此影响因子 B 的减小会轻微减缓结构性破坏的速度。

(3) 屈服面

在扩展后的修正剑桥模型屈服面形式的基础上引入初始各向异性张量(Yue，2002)和结构性参数 r，提出如下屈服面形式：

$$F = (p - rp_c)(p + \frac{R-2}{R}rp_c) + (R-1)^2 \frac{q_\alpha^2}{\chi} = 0 \tag{5-29}$$

式中，

$$\begin{cases} I_1 = \sigma_{ij}\delta_{ij} \\ p = \dfrac{I_1}{3} \end{cases} \tag{5-30}$$

$$s_{ij} = \sigma_{ij} - \sigma_{kk}\delta_{ij}/3 \tag{5-31}$$

$$\alpha = \sqrt{3\alpha_{ij}\alpha_{ij}/2} \tag{5-32}$$

$$s_{ij}^{\alpha} = s_{ij} - \sigma_{kk}\alpha_{ij}/3 \tag{5-33}$$

$$\begin{cases} J_{2\alpha} = \sqrt{(s_{ij}^{\alpha}s_{ij}^{\alpha}/2)} \\ q_\alpha = \sqrt{3J_{2\alpha}} \end{cases} \tag{5-34}$$

$$\chi = (M-\alpha)[2\alpha(R-1)^2 + M - \alpha + \sqrt{4\alpha(R-1)^2M + (M-\alpha)^2}]/2 \tag{5-35}$$

式中 I_1——第一应力不变量；

p——三轴空间中的平均应力；

s_{ij}^{α}——折减应力偏量；

$J_{2\alpha}$——折减第二应力不变量；

M——临界状态比；

R——形状参数，控制椭圆形屈服面横轴的长度；

α_{ij}——初始各向异性张量表征土体各向异性的强弱，在 p-q 空间中为屈服面的倾斜角。

可利用 Yue (2001) 提出的初始应力比 $K_0 = \sigma_{30}/\sigma_{10}$，来计算初始各向异性张量的各个分量：

$$\begin{cases} \alpha_{11} = 2k^0 \\ \alpha_{22} = \alpha_{33} = -k^0 \\ \alpha_{12} = \alpha_{23} = \alpha_{13} = 0 \end{cases} \tag{5-36}$$

$$k^0 = A_0 \frac{1-K_0}{1+2K_0} \tag{5-37}$$

式中，A_0 为修正系数，一般取 $A_0 = 0.65 \sim 1.0$。

结构性屈服面在 p-q 空间中的形状如图 5-45 所示，是在扩展后的修正剑桥模型屈服面的基础上发展而来的，不同的是引入了初始各向异性张量和结构性参数。当 $\alpha_{ij} = 0$、$r = 1$ 和 $R = 2.0$ 时，它将退化成修正剑桥模型的屈服面。

(4) 硬化法则

具有结构性的临界状态本构模型采用了 p_c 和 r 两个内变量，它们分别是前期固结压力和结构性参数。内变量随塑性变形的硬化规律描述如下。

① 等向硬化法则

由于熟知的黏土压缩性特征可知在各向同性压缩条件下 I_0 与塑性体应变之间存在以下关系：

$$\dot{p}_c = \frac{(1+e_0)\dot{\varepsilon}_v^p}{(\lambda - \kappa)} \tag{5-38}$$

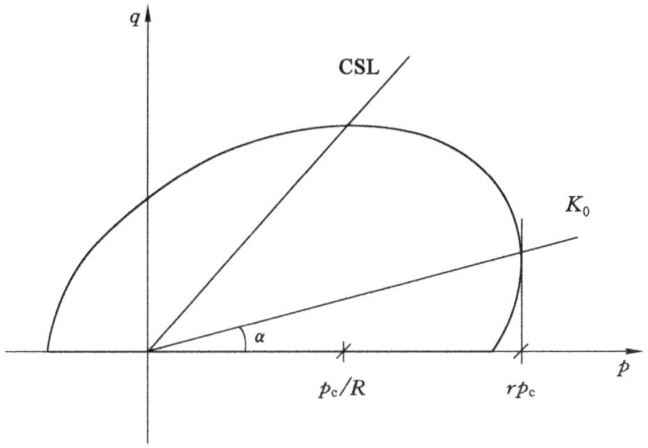

图 5-45　p-q 空间内结构性临界状态模型的屈服面

式中　e_0 ——初始孔隙比；

λ、κ ——e-ln p 空间中正常固结线和回弹曲线的斜率。

② 结构性的破坏法则

具有初始各向异性特征的结构屈服面，其结构性参数的损伤仍参照式(5-26)。

(5) 流动法则与塑性模量

采用关联流动法则，塑性应变可按式(5-39)计算。

$$\dot{\varepsilon}_{ij}^{p} = \langle L \rangle \frac{\partial F}{\partial \bar{\sigma}_{ij}} \tag{5-39}$$

式中，L 为加载因子，定义为：

$$L = \frac{1}{H_p} \frac{\partial F}{\partial \bar{\sigma}_{ij}} \dot{\bar{\sigma}}_{ij} \tag{5-40}$$

塑性模量 H_p 可由一致性条件 $F=0$ 得到。对于三轴条件下的一致性条件为：

$$\frac{\partial F}{\partial p}\dot{p} + \frac{\partial F}{\partial q}\dot{q} + \frac{\partial F}{\partial r}\dot{r} = 0 \tag{5-41}$$

式中，

$$\dot{p} = K(\dot{\varepsilon}_v - \dot{\varepsilon}_v^p)$$

$$\dot{q} = 3G(\dot{\varepsilon}_s - \dot{\varepsilon}_s^p)$$

$$\begin{cases} K = \dfrac{p(1+e)}{\kappa} \\ G = \dfrac{3(1-2\nu)}{(1+\nu)}K \end{cases} \tag{5-42}$$

通过式(5-27)、式(5-28)和式(5-38)、式(5-41)、式(5-42)就可以得到塑性模量，从而得到增量型应力-应变关系。

5.4.4.3　模型验证

为了验证所提出的结构性临界状态模型的合理性，下面对上文所做的部分扰动 Q_3 黏土原状土样的 K_0 固结三轴不排水剪切试验进行模拟验证。

模型参数选取见表 5-17，其中 K_0 的取值依据前文所做试验结果的平均值，部分参数(如结构性参数 r_0、k 和 B)是在固结围压 300 kPa 基础上模拟后进行的选取，然后用于固结围压为 600 kPa 的三轴剪切试验的数据模拟上。图 5-46 和图 5-47 给出了部分扰动 Q_3 黏土原状土样 K_0 固结三轴不排水剪切试验结果和模型计算结果,可以看出模型对于结构性土在三轴剪切作用下应变软化和力学性质有着较好的描述。

表 5-17 模型参数选值

λ	κ	μ	M_c	R	K_0	A_0	r_0	k	B
0.141	0.009	0.23	1.1	2.8	0.48	0.7	1.4	8	0.5

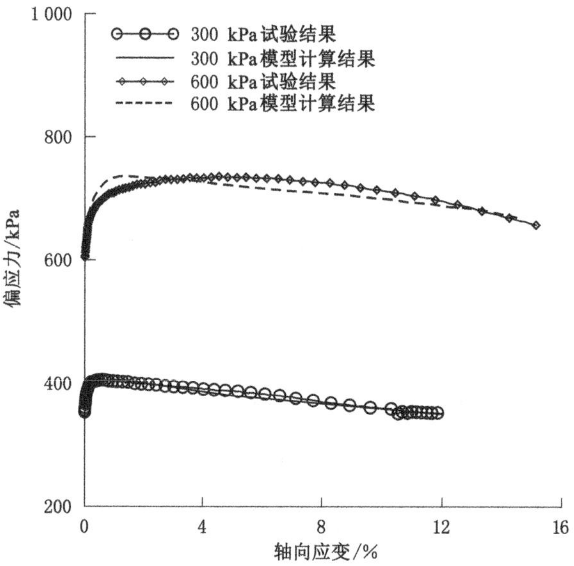

图 5-46 K_0 固结三轴不排水剪切的轴向应变-偏应力模拟关系曲线

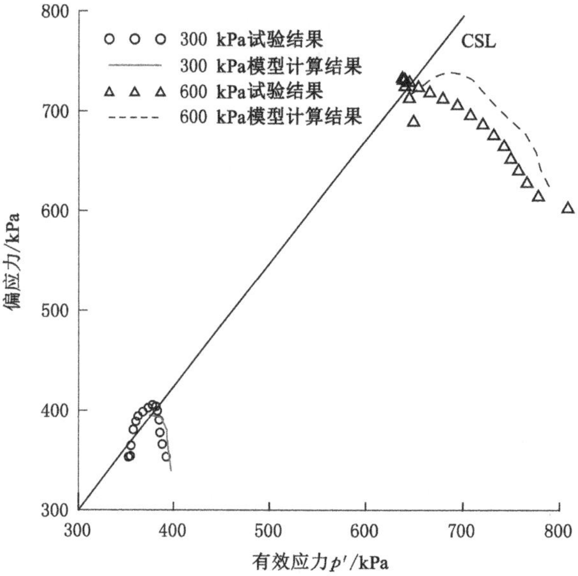

图 5-47 K_0 固结三轴不排水剪切的应力路径模拟曲线

第 6 章　结论与展望

6.1　结论

本书在目前已有的对黏土基本力学特性研究的基础上，总结前人研究的不足，运用宏观试验与微观结构分析相结合的方法，研究了淮海地区（徐州地区、鲁西南、鲁南）上更新统（Q3）黏土在中高压条件下的宏观力学特性与微观结构形态的演变。研究的主要内容包括：进行了原状和重塑黏土的一维固结试验，对比了原状和重塑两种土样一维固结特性的差异，重点分析了结构性对固结曲线形状的影响；进行了低压 K_0 固结试验和三轴试样连续加载高压 K_0 固结试验，主要分析了 K_0 固结过程 K_0 值变化规律，应力-应变关系，得出典型的描述曲线。采用 GDS 全自动三轴仪、SKA-1 型高压 K_0 固结仪进行了不同围压下 K_0 固结黏土的应力路径（加载、卸载）三轴试验，分析了经历中高压 K_0 固结后黏土的力学行为；采用 DRS-1 型高压直残剪试验系统、TATW-500 型三轴剪切试验系统，进行高压等向固结和高压 K_0 固结后的不排水剪切试验。对原状土和重塑土的试验数据进行整理得到原状土的结构性特征和结构强度；采用平行试验，运用 QuantaTM 250 环境扫描电子显微镜，研究了宏观试验不同阶段的试样内部微观结构形态特征，分析了土体内部微观结构形态参数随宏观试验的演变情况。主要研究结论有：

（1）Q3 黏土处于不同围压环境下的物理特征具有典型差异。相比浅部黏土，深部黏土具有低孔隙比、低含水率、高塑性以及高密实性，是一种高压固结硬黏土；深部黏土的含水率、密度与取土深度相关，随取土样的深度增大，有含水率变小和密度增大的趋势。

（2）K_0 固结过程中，原状土试样和重塑土试样的 K_0 值表现出不同的变化规律：原状土试样 K_0 值与平均应力之间的关系为幂函数关系，K_0 值相应从 0.42 变化到 0.53；重塑土试样的有效围压 σ_3' 和有效轴压 σ_1' 之间的关系为线性关系，K_0 值为定值（$K_0 = 0.558$）。然而固结后期当有效围压大于某一数值时，试验数据偏离拟合直线，说明在高围压下，重塑土的 K_0 值将发生变化。

（3）K_0 固结和卸载剪切特性，探讨了不同应力路径下原状黏土和重塑黏土应力-应变关系、屈服应力、屈服应变等变化规律。前期固结围压和三轴试验应力路径均对屈服强度有较大影响，随着前期固结围压的增大，土样的峰值强度均明显增大。同时，常规三轴压缩路径下土样表现出的强度最高，减压三轴压缩路径下强度最低，等平均主应力路径介于二者之间。

（4）对不排水剪切试验的孔隙压力变化进行分析，在低围压（200 kPa 以下）固结下，孔隙水压力随着围压的增大而增大，大于 400 kPa 围压固结下的孔隙水压力随着固结围压的增大而减小；当固结围压大于 1 600 kPa 时，孔隙水压力将趋于平缓，难以测到孔隙水压力变化；在高围压固结下的孔隙水压力接近 0，高围压固结不排水剪切试验中的有效应力接近总应力。在高围压剪切过程中，体积变化规律均为：剪切初期应力迅速增长时体积剪缩，应力增长缓慢时开始剪胀，接近强度峰值时剪胀结束进入剪缩状态。

（5）原状土试样和重塑土试样在宏观三轴试验中力学性质的差异可作为土体结构性及结构强度的一种体现。这种结构强度的差异在 K_0 固结完成时较为显著，在三轴剪切破坏时水平已显著降低并趋于稳定。可采用临界状态理论来描述结构性老黏土的力学特性，通过引入结构性参量，建立了考虑 K_0 固结过程形成的初始结构性以及随着应力发展结构损伤的结构性临界状态模型。

（6）K_0 固结过程中颗粒和孔隙的形状系数和扁平度变化规律相异，这主要是由颗粒和孔隙自身的性质决定的，固结过程中颗粒和孔隙对外界荷载反应的敏感程度和难易程度不同。颗粒和孔隙的分维数和相对直径变化规律也呈现相反变化，这主要是由于固结过程中主要发生小颗粒的团聚，而孔隙在应变初期主要为大孔隙分离为小孔隙，之后逐渐演化为大孔隙分离和小孔隙合并同时进行，但总体来说孔隙在减小。K_0 固结过程中颗粒和孔隙的定向概率熵均随着轴向应变的增大而减小，而同应变下一维固结不具有这个性质，说明 K_0 固结过程是一个应力诱发各向异性的过程。

6.2 展望

Q3 黏土在中高压条件下的宏观力学特性与微观结构形态的演变是一个复杂的过程，特别是高应力下土体力学性质与传统土力学的研究方法具有区别，本书所做的宏微观试验只是一个初步的探索，试验方法需要进一步完善，如深部黏土试样的制备标准，固结结束的标志及控制、试样数量、试验研究方法和理论等，都需要在今后探讨与总结。建议就以下问题开展进一步的研究：

（1）土体天然状态下为侧向不变形的 K_0 固结过程，在土体三轴特性的研究中宜继续开展 K_0 固结三轴试验研究，同时由于 K_0 固结过程中试样仅在轴向产生应变，考虑端部效应的影响，可以考虑对三轴试样高径比进行改进。

（2）本书采取平行试验获取土体微观结构扫描样本的方式，需要中断试验，并对土样进行卸载，无法获得同试样中同位置在同试验的微观结构连续变化情况，势必使试验结果产生误差。研究能在试验过程中对土体内部结构进行无损、连续观测的动态观测技术十分必要。

参考文献

高彬，陈筠，杨恒，等.红黏土在不同应力路径下的力学特性试验研究[J].地下空间与工程学报，2018，14(5)：1202-1212.

龚晓南.原状土的结构性及其对抗剪强度的影响[J].地基处理，1999(1)：61-62.

胡建伟，詹建华，严稳平，等.武汉地区老黏性土的结构性试验研究[J].工业建筑，2017，47(4)：93-98.

贾锦波.长时高压 K0 固结重塑黏土的微观结构特征及其力学特性研究[D].徐州：中国矿业大学，2021.

雷华阳，肖树芳.天津海积软土微观结构与工程性质初探[J].地质与勘探，2002，38(6)：81-85.

雷华阳，卢海滨，王学超，等.振动荷载作用下软土加速蠕变的微观机制研究[J].岩土力学，2017，38(02)：309-316，324.

刘明.高应力下粘性土卸荷剪切特性试验研究[D].徐州：中国矿业大学，2003.

刘珊.结构性黏土力学特性与微观形态试验研究[D].徐州：中国矿业大学，2015.

马金荣.深层土的力学特性研究[D].徐州：中国矿业大学，1998.

马金荣，秦勇，周国庆.黏土高压三轴剪切特性研究[J].中国矿业大学学报，2008，37(2)：176-179.

马时冬.拟似超固结黏土的应力-应变-强度特征[J].岩土工程学报，1987，113(12)：53-60.

商翔宇.不同应力水平深部粘土力学特性研究[D].徐州：中国矿业大学，2009.

商翔宇，郝飞，顾建祥，等.重塑黏土的高压次固结特性初探[J].岩土力学，2018，39(7)：2387-2394.

商翔宇，钟慧琅，田一帆，等.深部黏土的土力学内涵及关键试验技术初探[J].地下空间与工程学报，2021，17(5)：1495-1506.

沈珠江.软土工程特性和软土地基设计[J].岩土工程学报，1998，20(1)：100-111.

孙德安，陈波.结构性软土力学特性的试验研究[J].土木工程学报，2011(增 2)：65-68.

孙磊.饱和软黏土应变累积特性及经验模型[J].长江科学院院报，2022，39(8)：77-85.

谭罗荣.黏性土微观结构定向性的 X 射线衍射研究[J].科学通报，1981(4)：236-239.

王道金，毕庆涛，张祥，等.滨海相软土结构性试验研究[J].土工基础，2020，34(2)：232-235，246.

王海波，吕伟华，武荘，等.不同温度应力路径下饱和黏土剪切特性[J].岩土力学，2022，43(3)：679-687.

王衍森，崔广心，杨维好．深部土的高压 K_0 固结试验研究展望[J]．岩土力学，2003，24：687-690.

王衍森，贾锦波，冷阳光．长时高压 K0 固结再冻结黏土的卸围压强度特性[J]．岩土工程学报，2017，39(9)：1636-1644.

温晓贵，张勋，周建，等．考虑各向异性的原状软黏土微观结构变化机制研究[J]．岩土力学，2011，32(1)：27-32.

杨国生，左双英，莫云川，等．不同应力路径下贵阳红黏土固结不排水试验及微观机理研究[J]．贵州科学，2019，37(3)：74-77.

于庆．深部黏土的固结和剪切特性试验研究[D]．徐州：中国矿业大学，2009.

张季如，罗明星，彭伟珂，等．不同应力路径下钙质砂力学特性的排水三轴试验研究[J]．岩土工程学报，2021，43(4)：593-602.

张磊．深部黏土卸荷剪切特性试验研究[D]．徐州：中国矿业大学，2007.

张目极，殷建风，王巍，等．湛江组结构性黏土物理力学特性对其触变性的影响[J]．工程地质学报，2021，29(4)：1240-1246.

张世银．固结时间对深部重塑土力学特性影响试验研究[J]．山西建筑，2008，34(26)：130-131.

张先伟，孔令伟．常温、常压、常态的大气环境下黏性土微观孔隙的缓慢变异特征[J]．中国科学：技术科学，2014，44(2)：189-200.

张先伟，王常明，李军霞，等．蠕变条件下软土微观孔隙变化特性[J]．岩土力学，2010，31(4)：1061-1067.

赵丹旗，付昱凯，侯晓坤，等．不同应力路径下饱和重塑黄土的力学特性[J]．水文地质工程地质，2022，49(6)：74-80.

赵晓东，周国庆，王博．深部重塑土高压应力路径试验研究[J]．中国矿业大学学报，2009，38(4)：471-475.

朱楠，刘春原，赵献辉，等．不同应力路径下 K0 固结结构性黏土微观结构特征试验研究[J]．岩土力学，2020，41(6)：1899-1910.

ASAOKA A，NAKANO M，NODA T，et al. Delayed compression/consolidation of natural clay due to degradation of soil structure[J]. Soils and foundations，2000，40(3)：75-85.

BJERRUM L，LO K Y. Effect of again of the shear-strength properties of a normally consolidated clay[J]. Géotechnique，1963，13(2)：147-157.

BJERRUM L. Engineering geology of Norwegian normally-consolidated marine clays as related to settlements of buildings[J]. Géotechnique，1967，17(2)：83-118.

CALLISTO L，CALABRESI G. Mechanical behaviour of a natural soft clay [J]. Géotechnique，1998，48(4)：495-513.

CETIN H，GÖKOĞLU A. Soil structure changes during drained and undrained triaxial shear of a clayey soil[J]. Soils and foundations，2013，53(5)：628-638.

IANG M J，ZHANG F G，HU H J，et al. Structural characterization of natural loess and remolded loess under triaxial tests[J]. Engineering geology，2014，181：249-260.

LAMBE W T. Stress path method[J]. Journal of the soil mechanics and foundations division,1967,93(6):309-331.

ZHAO X D,ZHOU G Q,SHANG X Y,et al. Earth pressure coefficient at rest during secondary compression[J]. Journal of Central South University of Technology,2011,18(6):2115-2121.